国 家 科 学 技 术 学 术 著 作 出 版 基 金 资 助 出 版

“十二五”国家重点图书出版规划项目

中国蒙古野驴研究

ASIATIC WILD ASS

毕俊怀 等 著

BI JUNHUAI

中国林业出版社

图书在版编目(CIP)数据

中国蒙古野驴研究 / 毕俊怀等著.
-- 北京 : 中国林业出版社, 2015.11
ISBN 978-7-5038-8320-0

Ⅰ. ①中… Ⅱ. ①毕… Ⅲ. ①野生动物-驴-研究-内蒙古
Ⅳ. ①Q959.843

中国版本图书馆CIP数据核字(2015)第300144号

出 版 中国林业出版社
(100009 北京西城区德内大街刘海胡同7号)
网 址 www.lycb.forestry.gov.cn
发 行 中国林业出版社
电 话 (010) 83143533
印 刷 三河市祥达印刷包装有限公司
版 次 2015年12月第1版
印 次 2015年12月第1次
开 本 787mm×1092mm 1/16
印 张 10.75
字 数 305千字
定 价 138.00元

研究项目为：国家“十二五”重点图书出版项目
国家科学技术学术著作出版基金资助项目
国家自然科学基金资助项目（No.30860043 No.31360518）
内蒙古自然科学基金重大项目（No.20112005）
内蒙古自治区科技计划项目（2013）
内蒙古自治区人才开发基金资助项目
内蒙古自治区乌拉特国家级自然保护区管理局为研究提供部分资助
本书由内蒙古师范大学学术著作出版基金提供部分资助

《中国蒙古野驴研究》编委会

主　编　毕俊怀

编　委　丁　英　司晓艳　毕俊怀　毕　炜
刘文强　连　雪　何晓萍　岳兴亮
岳继雄　高　峰　唐小平

前　言

蒙古野驴（*Equus hemionus hemionus*）历史上分布于亚洲荒漠及荒漠草原环境，是亚洲中西部开阔景观环境中的代表性物种，具有极其重要的生态地位。随着人类近代文明的兴起及农牧业的拓展，该物种分布区急剧退缩，种群数量锐减，现代分布区已呈岛屿化残存状态。1989年，我国将蒙古野驴列为一级重点保护野生动物；1997年被IUCN列为濒危野生动植物种国际贸易公约（CITES）附录Ⅰ物种；，1998年在《中国濒危动物红皮书》中列为濒危（E）物种。在我国，蒙古野驴分布区东起内蒙古二连浩特，沿中蒙边界狭长地域至新疆北部盆地，主要集中于新疆北部的卡拉麦里山有蹄类自然保护区和内蒙古中部的乌拉特梭梭林—蒙古野驴国家级自然保护区。近20余年，国内曾进行过几次小规模的蒙古野驴数量和分布的调查，因调查时间不同步，加之调查范围未覆盖整个蒙古野驴分布区，因而目前尚缺乏蒙古野驴种群现状的基础资料，亦未开展系统的物种生物学科学研究。

野生动物最有效和最根本的保护途径是就地保护（In-situ conservation），由此维系其在原产地生物群落内进化生态上的连续性。濒危物种可作为特定区域生物群落的庇护种，保护濒危物种即可辐射众多物种的保护，从而促进整个生物群落的保护。蒙古野驴即具有蒙新区荒漠及荒漠草原生物群落中庇护种的地位，值得予以特别关注。就蒙古野驴的保护生物学而言，首先必须充分掌握该物种的分布和数量现状、栖息地类型及保存现状、制约其生存的自然和人为因子；其次，蒙古野驴的群体组成和成幼结构是探察该物种种群动态不可缺少的基础资料，有利

于分析该物种数量近期乃至长期的消长趋势；再者，蒙古野驴体重超过200kg，属大型食草动物，摄食量大，对荒漠及荒漠草原植被的影响较大，因而，摄食生态研究对认识其在生物群落中的地位，了解其生存的食物资源基础以及与其他食草动物的生态关系显得十分重要。基于上述三方面的研究，我们才能制定出有针对性并且切实有效的蒙古野驴保护措施，实现该物种的可持续生存。因此，这三方面的内容成为本项研究的基本框架。

勿容置疑，繁殖是一切生命活动得以延续的最基本方式，繁殖行为直接影响和制约着种群数量，决定着物种存亡。蒙古野驴在现存的分布区内受到人类各种经济活动的强烈影响，对其繁殖行为及避敌行为的研究，可以深入了解该物种在繁育后代、抚育幼体及成活率方面的生存对策，是认识该物种生存制约因素的关键环节之一，也是认识该物种生存环境及群体内个体间相互关系的重要途径。由于马科动物具有高度的社会性特征，行为类型复杂多样，繁殖群的群体成员数量、成幼结构及头驴的更换等社群行为，均可能直接或间接地影响到野驴群体的初次繁殖年龄、繁殖率和幼体成活率，进而引起种群数量的变动，这就要求我们必须系统地观察蒙古野驴繁殖群的繁殖行为，获取蒙古野驴的繁殖行为谱。同时，蒙古野驴群体的防御行为是个体存活的基本保障，尤其是在繁殖期，将对幼体存活起到至关重要的作用。因此，繁殖和防御行为生态学成为研究蒙古野驴行为生态的重点内容之一。

野生动物的生理学研究，特别是繁殖生理的研究是物种保护生物学领域的难点。究其原因，野生动物的捕捉与保定极其困难，加之操作上的危险性，采集血样等组织标本用于激素测定通常非常困难。同时，野生动物捕获及其采血

过程本身就会成为一种强烈的应激源，必将使生殖生理的研究结果受到较大的影响。近年来，非损伤性激素测定方法已成为研究野生动物生殖生理学的一个重要途径。非损伤性生殖激素的测定方法得到了较广泛的应用，譬如，从动物的尿液、粪便、唾液、乳汁中测定类固醇激素浓度，进而达到确定动物生殖激素的水平及掌握其变化规律的目的。因此，本项研究采用非损伤性方法研究蒙古野驴粪样中类固醇生殖激素——睾丸酮和雌二醇的含量，分析蒙古野驴体内激素与其繁殖行为的关系，结合相关因子的研究，将有助于深入探讨蒙古野驴种群生存的威胁因素。

本项研究开始于2004年，历时11年，对我国境内的蒙古野驴分布区即新疆维吾尔自治区卡拉麦里山国家级有蹄类自然保护区、内蒙古自治区巴彦淖尔市乌拉特梭梭林—蒙古野驴国家级自然保护区及内蒙古自治区中西部的中蒙边境地区，开展了多方面的野外调查研究和室内统计分析。研究工作立足于我国蒙古野驴保护生物学领域亟待解决的问题以及实际工作条件的可行性，针对蒙古野驴的数量和分布现状，栖息地类型及现状，食物资源及食性特征，繁殖行为和防御行为，生殖激素与繁殖行为的关系等开展研究工作；同时还对人工半散养状态下的种群做了行为学研究。本研究工作以蒙古野驴物种及其生存环境为切入点，掌握我国蒙古野驴资源及生存现状，探讨可行的保护途径，为制定切实可行的保护措施提供科学依据。

毕俊怀

2015年5月

目　录

Chapter 1

第一章

蒙古野驴的系统进化

第一节　马科动物的进化

周明镇（1953）认为，奇蹄类马科与所有其他有蹄类的哺乳动物都是由新生代初期古新世时的“结节兽类”（Condylarthra）进化而来的，其身体构造与始新世的始祖马十分相似，但与现代马在形态上有很大区别，生活习性也大不相同。马科动物的进化过程大致可分为始祖马、中马、原马、上新马及真马5个代表阶段。

始祖马的生存时代仅限于始新世初期，其化石在欧洲与北美洲都有发现。始祖马背部弯曲，形态与犬及狐狸更相像。在之后的渐新世初期出现的中马，基本构造与生活习性大体与始祖马相近，但身体稍大，与狼或羊的大小接近。中马的牙齿除第一前臼齿退化外，其余的前臼齿变大和臼齿化。原马是马类发展过程中出现的一个重要的过渡类型，生存在中新世中期和晚期。其前肢有三趾，但仅有中趾着地。上新世初期出现的上新马，体高已有1.3m左右，基本构造已与现代马相当接近；牙齿比原马更近化，前后肢都仅有中指裸露，第二、四趾仅剩细枝状残余。现代型的“真马”最早出现于上新世后期，现在的马、驴和非洲斑马等都归属这一类，身体各部分的构造都是最适于快速奔跑的动物（周明镇，1953）。

第二节　马科动物化石及分布

中国后期的马类化石材料非常丰富，但最早的原始马化石现在只在欧洲和北美洲的第三纪初期地层内发现。在接近蒙古国的中新世地层内，有与原马相近的“安琪马”（Anchitherium）的化石发现。上新世地层内中国的马化石特别丰富，最著名的是属于“*Hipparion*”属的“三趾马”现在已知的共有13种，分布于河南、山西、甘肃与内蒙古的上新统地层内。中国最早的真马称为“三门马”，因最早在河南黄河岸上的“三门激流”发现而得名，这是世界上身体最大的马类中的一种，生存时代一直延续到第四纪初期（周明镇，1953）。

我们先将中国已知的真马依据形态特征分为3类，一类是具有“V”形内谷的snetnoid型，一类是具有“U”形内谷的cabalolid型，还有一类是内谷形态介于上述二者之间、且外谷较短的hemiones型。hemiones型的内谷变化较大，有些接近“V”形，如蒙古野驴；有些接近“U”形，呈带角的形态，更确切地说，呈平底形，如藏野驴。

中国最早出现的蒙古野驴是hemiones型。Fbsrnet（1986）曾认为北京周口店第21．22．23地点的马属可能是中国最早的hemiones，有资料显示，它们与中国最早的cabaloid型的北京马几乎同时出现（邓涛，1997）。藏野驴（*E. quus kiang*）出现的时间比蒙古野驴要晚一些，从藏野驴和蒙古野驴现在的生态特征看，它们的分布区域是不重叠的，在化石中也没有发现它们共生。藏野驴适应于严寒但湿度较大的环境，而蒙古野驴更适应干旱地带的环境，因此它们可能是其祖先向不同生态区域辐射进化的结果。

普氏野马（*E. przewalskii*）和蒙古野驴（*E. hemionus*）最早都出现于丁村动物群中，按照童永生等（1995）的划分，丁村动物群属于中更新世晚期，其年龄大于2百万年。因此，普氏野马和蒙古野驴在中国的出现也在这一时期（邓涛等，1999b）。普氏野马和蒙古野驴直到现代仍然生活在中国。藏野驴也出现于晚更新世，但陕西大荔的藏野驴的确切层位不详，可能相当于晚更新世早期。在中国确切的藏野驴的层位在甘肃庆阳龙骨沟，龙骨沟动物群的年龄约为6～万年（邓涛，1997）。藏野驴现在仍然生活在中国的青藏高原地区。

第三节　马科动物的分类与分布

现存的马科动物仅1属，即马属（*Equus*），共7种：普氏野马（*E. przewalskii*）、细纹斑马（*E. grevyi*）、山地斑马（*E. zebra*）、平原斑马（*E. burchellii*）、蒙古野驴（*E. hemionus*）、藏野驴（*E. kiang*）和非洲野驴（*E. africanus*）。后3种即为泛称的野驴。野驴是马科动物中辐射适应较成功的物种，分布地域广袤，亚种分化较多。

蒙古野驴的分布区一直在持续缩小。在13世纪，马可波罗提到在波斯、中东、沙特阿拉伯、土耳其有大量的兽群存在。同一时期，在《蒙古秘史》（Peiliot，1949）书里也提到了蒙古野驴。现在，这个物种最大的种群（大约是总数的80%以上）分布在蒙古高原南部地区。其他的种群规模缩小到了几百个个体。有记录的共计有6个亚种分化，即蒙古野驴（*E. h. hemionus*）、戈壁野驴（*E. h. luteus*）、西亚野驴（*E. h. kulan*）、中亚野驴（*E. h. onager*）、印度野驴（*E. h. khur*）及已于1927年之后没有观察到野生活体的叙利亚野驴（*E. h. hemippus*）。

藏野驴分布于中国、印度、尼泊尔、巴基斯坦等青藏高原及周缘地带。Groves（1974）认为藏野驴存在3个亚种，即东部藏驴（*E. k. holdereri*）、西部藏驴（*E. k. kiang*）和南部藏驴（*E. k. polyodon*）。Schailer（1998）对该种的体形和体色等形态特征研究后认为，尽管存在轻微的地区差异，但3个亚种分布区无自然隔离，仍不足以认定为属于亚种分化。我国的青藏高原地区藏野驴的3个亚种均有分布，数量占世界藏野驴总数的90%（*Jackson*，1998）。

非洲野驴分布于索马里北部和埃塞俄比亚北部，现存2个亚种分化，即索马里亚种（*E. a. somaliesis*）（Ansell，1971；Klingel，1980；Moehlman，1989）和努比亚亚种（*E. a. africanusn*）（Watson，1982）。

第四节 蒙古野驴的形态特征

蒙古野驴体长可达260cm，肩高约120cm，尾长80cm左右，体重约250kg。头短而宽，吻部稍细长，耳长而尖。尾细长，尖端毛较长，先端被长度可达60cm，棕黄色。蹄比马小但略大于家驴，前肢内则具胼胝体，直径可达4cm。颈背具短鬃，颈的背侧、肩部、背部为浅黄棕色，背中央有一条棕褐色的背线延伸到尾的基部；颈下、胸部、体侧、腹部黄白色，与背侧毛色无明显的分界线（汪松，1998）。蒙古野驴栖息于亚洲中部海拔800～2500m的荒漠、半荒漠和荒漠草原地区，对干旱、酷热、严寒、食物贫瘠的恶劣环境具有极强的适应能力。栖息地必有自然水源或常可在水源附近观察到蒙古野驴。以禾本科、蒿和猪毛菜等草本植物为主要食物。6～8月间发情交配，翌年5～6月产仔，每胎1仔；雄性4岁性成熟，雌性3岁开始发情交配。据研究报道，幼仔性别与产仔雌性个体的年龄有关，年龄小的母驴产雄性幼仔的比例高于年龄大的母驴。蒙古野驴喜集群活动，春夏季，蒙古野驴常以5～9头个体结成家族性小群体活动，群体中只有一头成年雄性个体，即族群的“头驴”；一部分雄性亚成体结成小群；在争斗中失去头驴地位的成年雄性个体多单独活动；秋冬季聚集成大群活动。

第二章 Chapter 2

蒙古野驴研究情况

根据古生物学资料记载，马科动物中的野驴是由早更新世的西瓦（洼）利克马（*Equus sivalensis*）起源的，后再经纳玛马（*E.namadicus*）演变成为现代的野驴。在我国，野驴化石最早发现于第四纪中、晚更新世地层中，特别是晚更新世的中、晚期。根据中国第四纪哺乳动物地理区划（薛祥煦等，1994），野驴化石在我国发现于9省19处（丁梦麟等，1965；尤玉柱等，1981；中国科学院古脊椎动物与古人类研究所，1979；古脊椎动物研究所高等脊椎动物组，1959；祁国琴，1975；宗冠福等，1985；张玉萍等，1978；周明镇，1958，1959；姜鹏，1977；贾兰坡等，1992；谢骏义等，1988；裴文中，1956，1958，1988），即东北区5处、华北区10处、蒙新区1处和青藏区3处。这些化石出现在人类旧石器时代，当时野驴已是中国猿人的主要狩猎对象。在峙峪哺乳动物群和新蔡哺乳动物群的化石中，野驴化石的数量已十分可观（姜鹏，1977；谢骏义等，1988）。

自古以来野驴就是一种珍贵的资源动物，其肉丰美胜过马肉，俗语有“天上的龙肉，地下的驴肉”之说。古诗云：“山珍入馔只寻常，处处深林是猎场。若与分明许次第，野骡风味胜黄羊。”又曰：“野驴辄成群，肉颇腴嫩”。因此可以看出，从古代到近代，野驴一直是狩猎的主要对象。

第一节　20世纪前

蒙古野驴以前在河西走廊分布很普遍，据《敦煌县志》记载，敦煌县鸣沙山下月牙泉边一群野马（实系野驴）常来饮水，有人持勒，取得其马，献给汉武帝（公元前113年），武帝欣然挥笔写下《天马之歌》。《肃州（酒泉）县志》记载，清乾隆27年（公元1762年），以野马作朝庭贡品。1969年甘肃武威出土的“马踏飞燕”这一稀世珍宝塑造的正是汉代人心目中的野马。敦煌榆林窟的壁画珍禽异兽繁多，其中不乏野驴图案，反映了当时现实生活中的野生动物。《本草纲目》记载“辽东山野驴，似驴而色驳，鬃尾长，骨骼大”，可见明朝时期，辽宁境内还有野驴残存。在新疆，蒙古野驴主要分布于北疆准噶尔盆地，直到20世纪50年代以前数量还很多（郑生武等，2000）。

第二节 20世纪后

蒙古野驴被列为国际自然保护联盟（IUCN）（2002）红皮书中的“数据缺乏类（DD）”。国内外对蒙古野驴的研究主要为数量和分布的调查，其他研究相对较少。迄今的工作主要有：Bannikov（1958）、Reading等（2001）、Shah（1993）、Feh et al（1994，2001）研究了蒙古野驴的分布、数量、群体结构及生态习性；Solomatin（1973）、Rashek（1973）、Klingel（1977）研究了蒙古国大戈壁国家公园的一个野驴种群，涉及其繁殖群体类型、领域防御行为和群体结构；Bannikov（1958）和Feh等（1994；2001）发现蒙古野驴的社群行为和野马十分相似，其中雄驴社群行为类似于普氏野马，但在其他亚种中却不常见；Feh等（1994；2001）通过对蒙古戈壁国家公园内的蒙古野驴雄性为保护雌驴和幼驴不受捕食者侵犯的行为进行了研究，发现了蒙古野驴对狼群捕食压力的防御行为与其他马属动物有所不同。此外，Shah（1993）和Saltz et al（1996）研究了雄性印度野驴的领域行为。

总体而言，蒙古野驴亚种的研究相对较少，原因可能是由于蒙古野驴分布区域偏僻，交通不便，运动速度快，活动范围大广，对人类的警惕性高，加上其生活于开阔草原，研究者不易接近，观察研究困难较大所致。

第三节 蒙古野驴的数量及分布

蒙古野驴在地质时期分布十分广泛，约4万年前的更新世晚期，曾生活于德国等欧洲原野，直到1.2万年前的间冰期开始时，蒙古野驴开始从许多地理分布区中消失（Kurrten，1968）。有人认为，蒙古野驴是波斯野驴的一个亚种，也有可能是戈壁野驴的异名（Oakenfull EA et al，2000）。蒙古野驴分布在中国北方及蒙古国，也曾经在哈萨克斯坦出没，但因猎杀而在当地灭绝了（Clark，B et al 1992）。

一、国内数量及分布

蒙古野驴曾经广布于蒙古高原中西部的荒漠和荒漠草原地区，是开阔景观环境中的代表性物种（凤凌飞，1991）。在我国，蒙古野驴分布区东起内蒙古二连浩特，沿中蒙边界狭长地域至新疆北部盆地，主要集中于新疆北部的卡拉麦里山有蹄类自然保护区和内蒙古中部的乌拉特梭梭林——蒙古野驴国家级自然保护区（宋朝枢等，2000；李春旺等，2002）。其中，前者是我国现存蒙古野驴群体数量最大和最集中的分布区（楚国忠等，1982；高行宜等，1986；郑生武等，2000）。迄今国内对蒙古野驴数量和分布仅为局部区域的调查。在新疆，楚国忠等（1982）对卡拉麦里山1.7万km^2区域的航空调查得出，域内共有蒙古野驴358头，栖息地密度为0.02头/km^2，当年幼仔约占1/3。高行宜等（1986）从乌伦古河南岸保护区北端向南的越野车穿越调查显示，蒙古野驴总数510头，平均密度为0.03头/km^2。葛炎等（2003）对卡拉麦里山保护区野驴的调查得出，蒙古野驴的密度为0.61 ± 0.14头/km^2，种群数量2632～4200头。在内蒙古，李春旺等（2002）于2000年9月调查了野驴自蒙古国进入我国内蒙古巴彦淖尔盟乌拉特中旗和乌拉特后旗境内的数量和分布，蒙古当时蒙古野驴的种群数量约为1.4万头。王小明等（1996）调查了内蒙古中西部地区的有蹄类动物，发现在距离中蒙边境线约为100km的内蒙古中西部有小群体分布，并确定蒙古野驴在内蒙古仅限于中蒙边境线宽约30～50km的区域。但近几十年来蒙古野驴的分布范围明显缩小，数量呈现快速下降的趋势。

二、国外数量及分布

有研究指出，蒙古野驴比较集中地分布于亚洲中部，中国与蒙古毗邻的广袤地域以及中亚细亚的土库曼斯坦东南部与伊朗、阿富汗接壤的狭小地区（郑武生等，2000）。

与我国毗邻的蒙古国，其蒙古野驴分布区紧沿南部边境200km宽范围内（90° 00′～108° 00′ E），目前比较集中的分布区有两个，即外阿尔泰戈壁自然保护区（42° 30′～44° 20′ N、95° 30′～99° 10′ E）和准噶尔戈壁自然保护区（44° 50′～45° 40′ N、92° 00′～94° 20′ E）。根据1980～1982年航空调查，保护区的蒙古野驴总数估计有2000～2500头，其中外阿尔泰戈壁自然保护区有800～1000头，准噶尔戈壁自然保护区约1500头，平均密度为0.24～1.25头/1000 hm^2（郑武生等，2000）。然而，中国境内的蒙古野驴一直与蒙古国的蒙古野驴保持着种间交流。Wang and Schaller（1996）研究发现，一些小种群在沿着中国和蒙古国边境的缓冲区活动。在蒙古国的戈壁沙漠中生活着蒙古野驴大种群（Reading et al, 2001），由于恶劣的天气或者是其他原因，致使蒙古野驴冲过中蒙边境坚固的边境围栏而进入中国的内蒙古中西部地区（李春旺等，2002）。

1941年，前苏联在中亚细亚蒙古野驴集中分布的土库曼斯坦共和国东南部的捷真河和穆尔加布河之间，建立了巴德黑兹自然保护区。截至1986年，在保护区内遇见野驴约2000头，在与伊朗和阿富汗接壤的边境地带也经常有蒙古野驴出没，但其他地区如印度、巴基斯坦，野驴残存数量寥寥无几。

Chapter 3

第三章

蒙古野驴的数量调查

第一节 调查方法及地点

一、调查方法

（一）抽样方法

采用样线法在新疆分布区进行调查。样线的确定是以216国道为纵轴向左右两侧分布，样线长度和走向以卡拉麦里山保护区实际面积为前提，野外调查前在地图上做出标记，用GPS来确定调查车辆的运动方向。在内蒙古分布区，调查样线是以中蒙边境线为主轴，每隔30～50km向我国境内方向做30～60km的分枝样线。在实际调查时部分样线依据当地自然地形和车辆通行做小的调整。

以“实体观测垂距法”观察和记录蒙古野驴的位点和数量。在蒙古野驴的各个分布区调查时，样线布设尽可能穿过所有不同类型生境。车速控制在30～40km/h，用8×50、10×50倍望远镜观察样线及两侧的野驴，发现目标后停车并测定相关数据。以样线两侧各2km为视野范围，样带覆盖面积不小于选定区域的10%。

（二）交通工具

蒙古野驴分布的区域地形相对平坦，便于吉普车穿行，蒙古野驴体型较大，在干旱地区能见度较高，视野距离可达数千米。因此，本次调查中使用吉普车为交通工具。

（三）数据记录

记录野驴数量、所在地生境类型、可见范围内是否有水源地。依据调查者所在坐标位点及与动物的距离和方向角，换算出动物的坐标位点。在图上标定动物分布位点和生境类型。

（四）数据处理

以动物实体为观察对象，事先不规定样带的宽度，而是求出每一观察到的个体（群体）距样带中线的垂直距离a_i，并求出每条样带中j个个体垂距的平均值。

$A_i=\frac{1}{n}\sum_{j=1}^{n}a_i$　n为记录到的个体数。

1. 样带密度的计算公式

$d_i=\frac{n_i}{2l_iA_i}$；n_i为第i条样带上实体数；l_i 为样带长；A_i为样带单侧宽度。

2. 样带密度平均值的计算公式

$\overline{D}=\frac{1}{m}\sum_{i=1}^{m}d_i$；标准差：$\sigma=\sqrt{\frac{\sum(d_i-D)^2}{m-1}}$；　m为样带数。

3. 总体密度的估计

误差限 $\Delta=\frac{t_\alpha(m-1)\sigma}{\sqrt{m-1}}$；

估计值将落在（D±Δ）的区间范围内，估计的可靠性为p＝1－α，估计的精度为$1-\frac{\Delta}{D}$；t为可靠性为1－α的t分布值（自由度为m－1）。

4. 调查总数的推算

$N=\overline{D}\cdot S$，或落入$\{(\overline{D}-\Delta)\cdot S,(\overline{D}+\Delta)\cdot S\}$区间之内；S为调查地区总面积。

5. 动物平均群体规模

$\overline{S}=\frac{1}{m}\sum s_i$；标准差 $\sigma=\sqrt{\frac{\sum(s_i-S)^2}{m-1}}$；误差限 $\Delta=\frac{t_\alpha(m-1)\sigma}{\sqrt{m-1}}$。

6. 动物群体规模的估计

S＝$\overline{S}\pm\Delta$。

二、调查地点

（一）调查时间

1. 2005年3～5月

调查地点为内蒙古自治区中西部地区，即乌拉特后旗至二连浩特市，包括额仁淖尔、锡勒苏木、卫井、满都拉、巴颜花、索伦、干其毛都、川井、宝音图、楚鲁图，以及内蒙古自治区巴彦淖尔市乌拉特梭梭林—蒙古野驴国家级自然保护区。

2. 2005年9～10月

调查地点为乌尔木布拉克、顿巴斯套、塔克石河、清河、吐尔洪、萨尔布拉克、喀拉布勒根、卡拉麦里山保护区。

3. 2006年10～11月

调查地点为狼山至马鬃山，包括乌力吉、巴格毛德庙、巴音戈壁、苏红图、银根、傲干奥日布格、雅干、老东庙、路井、狐狸山、清河口。

（二）定点研究

1．内蒙古研究点

研究地点位于内蒙古自治区包头市达尔罕茂明安联合旗中蒙边境地区（北纬41°50′～42°27′，东经106°15′～108°00′）。研究区域属内蒙古自治区中部，地处北半球中纬度地区，欧亚大陆东部腹地，蒙古高原南部，海拔1000～1500m；受北温带气候和北冰洋冷空气的影响，属中温带大陆性干旱气候。冬季寒冷漫长；夏季酷热短暂，日照长，昼夜温差大；春季干旱少雨；秋季温凉。属于干旱、半干旱荒漠和山地景观。植被特点是自西向东呈小乔木、荒漠向丛生矮禾草、矮半灌木草原过渡的类型。该地区西部优势植物有梭梭（*Haloxylon ammdendron*）、白刺（*Nitraria tagutorum*）、盐爪爪（*Kalidium foliatum*）、沙蒿（*Artemisia arenaria*）等，中部至东部则以柠条（*Caragana korshinskii*）、沙生针茅（*Stipa glareosa*）、蒙古葱（*Allium mongolicum*）、芨芨草（*Achnatherum splendens*）等为优势植物。草原围栏已将当地的草原完全分割成以家庭为单位的小块，牧民的牛羊常常与蒙古野驴在同一草原围栏中取食，互不影响。草原围栏对蒙古野驴具有一定影响，但草原围栏的高度不能完全阻隔蒙古野驴的日常活动，在野外观察时发现野驴常跨越草原围栏。

2．新疆卡拉麦里山保护区

新疆维吾尔自治区卡拉麦里山国家级有蹄类自然保护区（简称卡拉麦里山保护区）位于准噶尔盆地东部（北纬44°36′～46°00′，东经88°30′～90°03′）。全境面积为18000km^2，海拔高度500～1473m。保护区以卡拉麦里山为中心，南部为古尔班通古特沙漠和卡拉麦里山前戈壁，中部为卡拉麦里低山山地，北部为荒漠丘陵带，属低山荒漠半荒漠景观。地表和缓起伏，为当地牧业的冬季放牧区。

卡拉麦里山保护区地处北半球中纬度地区，欧亚大陆腹地，受北温带气候和北冰洋冷空气的影响，在气候上属中温带大陆性干旱气候。日照长，昼夜温差大，冬季寒冷漫长，夏季酷热短暂，春季干旱少雨，秋季温凉。年平均气温2.5～8℃，极端最高气温可达50℃，极端最低气

温−39℃，≥10℃年积温为2617.1℃，无霜期为117d。4月为全年降水量最多的月份，8月是最少月份，年均降水量159mm，蒸发量2090mm。

主要灾害性天气有：干旱、风害、寒潮、低温、干热风等。干旱使天然草场受灾严重，风害发生在春夏两季，对保护区内野生动物和牲畜生存以及牧畜转场影响较大。

主要植物种类为盐生假木贼（*Anabasis salsab*）、草麻黄（*Aphedre sinica*）、戈壁猪毛菜（*Salsola gobicola*）等生命期短的植物。植被分布甚为稀疏，覆盖度很低，为旱生与超旱生的灌木与小半灌木。

保护区人口稀少，除五彩湾和喀姆斯特是交通食宿点外，大部分地区无人定居，只有冬季雪后才有牧民和家畜迁入，在春季融雪前迁出。

冬季 野驴母子

冬季野驴群

第二节 研究区域自然概况

一、新疆东北部

新疆东北部区——乌尔木布拉克、顿巴斯套、塔克石河、清河、吐尔洪、萨尔布拉克、喀拉布勒根、卡拉麦里山保护区，是蒙古野驴在新疆的主要分布区。

（一）地形地貌

卡拉麦里山保护区及周缘区域的地形基本上是自南向北呈垂直地带性分布。保护区以卡拉麦里山脉为核心，南部为古尔班通古特沙漠和卡拉麦里山山前戈壁，中部为卡拉麦里山山地，北部为低山丘陵地带，总体上为荒漠和半荒漠景观，主要荒漠类型有：①沙质荒漠　位于卡拉麦里山保护区的西部、南部和西南部，海拔500～700m，其西南部为古尔班通古特沙漠的延伸，南部为霍景任里辛沙漠，西部为德佐索腾艾里松沙漠及其延伸部份，为固定及半固定沙垄和沙丘。②沙砾质荒漠　即戈壁，主要分布于卡拉麦里山以北，除中低山地外，大部分地区海拔小于1000m，相对高差为50～100m。③黄土荒漠　卡拉麦里山以北，依山势而下为残蚀丘陵，向北逐渐趋缓，相对高差为几十米，海拔700～1100m，为黄土荒漠。其特点为：地表面平坦光滑，土壤组成物质以细颗粒为主，盐分含量不高。土体干燥， 植物生长条件差，地表全部裸露。④山地砾质荒漠　保护区中部为卡拉麦里山地，是一条自东向西走向的低山脉，东西长100km，南北宽20～40km，是准噶尔中天山与阿尔泰山系的缝合线，山体以东西向山脉和突起山岭为主，最高峰为1464m，平均海拔500m。河谷南北向较多，有两条由西向东的旱谷贯穿山系。山谷谷地相对高差不超过300m。山中无水系，无地表水。岩体以黑色山岩为特点，山岩为残蚀岩，极为松脆。海拔700～1464m。保护区北部依卡拉麦里山山势，自东向西有一片垄谷丘陵，向北趋平缓。海拔700～1100m。⑤盐土荒漠　卡拉麦里山南部为古老冲积平原河间地，这些区域，或是地表水的归宿地，或是地下水处于闭流状态，地下水位和矿化度较高，利于盐分聚积。盐漠地表的盐分表聚性很明显，一般地表盐分含量在150 g/kg 以上。

（二）气候特征

新疆东北部地处欧亚大陆腹地，属典型的温带大陆性干旱气候区，其特点是冬季寒冷漫长，夏季炎热短暂，春季干旱少雨，秋季温凉。最热月（7月）平均气温为25～30℃，极端最高气温可达50℃；最冷月（1月）平均气温在−20℃以下，极端最低气温−38℃；年平均气温2.4℃，≥10℃积温为2617.1℃，降水量极少，气候极其干旱，历年平均降水量为159.1mm，年蒸发量为2090.4mm。相对湿度47%，每月最小的相对湿度都低于20%，多数还在10%以下。主要灾害天气有：干旱、风害、寒潮、低温和干热风等，干旱对植被的危害更为严重。风害发生在春秋两季，大风日每年50～80d，对保护区内野生动物和牲畜越冬以及牧畜转场影响较大。

（三）水文特征

水资源缺乏是干旱荒漠地区的首要问题。卡拉麦里山保护区属内陆干旱区，区内无地表水系分布，无常年地表径流，水资源相对贫乏。保护区内常年水源短缺，地下水贫乏，成为野生动物生存的重要制约因素。主要水源类型有：①地表径流　卡拉麦里山保护区属干旱内陆荒漠区，位于准噶尔盆地中东部，区内无地表径流分布。保护区北部的乌伦古河属较大的河流，但由于农牧业侵占，已不能成为野驴的水源地。②地下水　卡拉麦里山中部和北部的沟谷地，有14处裂隙水溢出形成山泉，多为苦水泉，主要有德仁各里巴斯陶、塔哈尔巴斯陶、喀姆斯特泉、老鸦泉、散巴斯陶。另外还有可可巴斯陶泉水及富蕴县库尔图乡牧场，富蕴县乔木西拜牧场的井水，水质较差，矿化度、硬度、氟化物、硫化盐、氯化盐含量都很高，但野生动物因环境所限，仍饮用此水源。同时，在卡拉麦里山南部的戈壁与沙漠交接线上，有20世纪50年代勘探所钻自流井8口，至今仍在流淌，这些水源是保护区内野生动物生存所依赖的必要条件。由于保护区内地下水埋藏较深，同时沙漠上空的干热气流更加重了空气的干燥程度，使地下水补给来源也十分缺乏，造成保护区地下水资源极为贫乏。③黄泥滩　除泉水外，卡拉麦里山西北部有几个大的黄泥滩，如克孜勒日什黄泥滩，汇水面积164km^2；喀腊干德黄泥滩，汇水面积92km^2；乔稀拜黄泥滩，汇水面积100km^2；还有老鸦泉黄泥滩和石磅坝等。这些黄泥滩渗透性能差，能汇集雨水和融雪水，尤其夏季可以汇集较多雨水于滩沟中，成为野生动物重要的天然饮水点。

（四）土壤类型

保护区以干旱和半干旱荒漠土壤类型为主，降水稀少，气候干旱，蒸发强烈，土壤淋浴作用微弱，植物覆盖度小，有机质积累量少。主要类型有：①灰棕漠土　该土类主要分布于保护区东南部，为砾质戈壁区，成土母质主要是粗骨质的洪积物或残积坡积物，缺乏细土物质，地表为棕黑色的石幕，为砾质荒漠景观。②山地灰棕漠土　该土类主要分布于卡拉麦里山丘陵及洼地，由黄土状母质所形成，地表覆盖风化的碎裂岩片，受丘陵区地表径流的影响，土壤水分相对较好。③灰漠土　该土类主要分布于卡拉麦里山以西准噶尔盆地边缘的广阔地区，出现于沙丘之间的低地，颗粒细腻。④风沙土　该土类主要分布在保护区的南部及西部，沙丘沙地多是半固定状态，沙层厚度不一，母质为风积物。

（五）植被类型

卡拉麦里山保护区内植被组成较为简单，类型单调，分布稀疏，植被覆盖度一般为10%～20%。主要建群植物种类是由超旱生、旱生的小乔木、灌木、小半灌木以及旱生的一年生草本、多年生草本和中生的短命植物等荒漠植物组成。保护区植物计有23科73属107种。其中以藜科、禾本科、蓼科中的旱生和沙生种类占优势。主要荒漠植被类型有：①梭梭（*Haloxylon ammodendron*）群落　位于保护区的西部和西南部，在沙丘和丘间沙地，发育良好，高度可达4～5m，在极端干旱的砾石戈壁上，形成较稀疏的低矮而贫乏的戈壁荒漠植物群落。伴生植物主要有琵琶柴（*Reaumuria soongorica*）、木本猪毛菜（*Salsola arbuscula*）、沙蒿（*Artemisia arenaria*）、地白蒿（*A. terrae-albae*）、叉毛蓬（*Petrosimonia sibirica*）、角果藜（*Ceratocarpus arenarius*）、羽状三芒草（*Aristida pennata*）等。②琵琶柴群落　保护区内的主要植被类型之一，是一种超旱生及盐生的矮半灌木群落，高度在30～50cm，除沙漠外，几乎遍布整个保护区。伴生植物有梭梭、盐爪爪（*Kalidium foliatum*）、柽柳（*Tamarix chinensis*）、刺旋花（*Convolvulus tragacanthoides*）、囊果碱蓬（*Suaeda physophora*）、叉毛蓬、散枝猪毛菜（*Salsola brachiata*）等。③驼绒藜（*Ceratoides latens*）群落　属小半灌木群落，高度一般为20～40 cm，群落或稀疏或紧密，取决于群落生长生境的差异，主要分布于保护区北部。伴生植物有小蓬（*Nanophyton erinaceum*）、盐生假木贼（*Anabasis salsa*）、木地肤（*Kochia prostrata*）等。④盐生假木贼群落 为高5～20 cm的小半灌木，分布于保护区中部和东部的砾石荒漠和黄土荒漠。伴生植物主要有木地肤、驼绒藜、小蒿（*Artemisia gracilescens*）、地白蒿、小蓬、白冰藜（*Atriplex cana*）等。

（六）野生动物

保护区在动物地理区划上隶属于古北界、中亚亚界、蒙新区、西部荒漠亚区、将军戈壁州和古尔班通古特沙漠州。由于卡拉麦里山保护区环境恶劣，气候干旱，植被稀疏，生态系统脆弱，野生动物经过漫长的自然选择逐渐适应了当地的栖息条件，以适应干旱和半干旱的种类占优势，小型啮齿动物和大中型有蹄类动物是该荒漠和半荒漠景观中的代表性物种。脊椎动物种类计有288种，其中兽类15科52种、鸟类38科220种、爬行类4科12种、两栖类1科3种。国家一级重点保护野生动物有12种，主要有普氏野马（2001年放归）、蒙古野驴、北山羊（*Capra ibex*）、金雕（*Aquila chrysaetos*）、白肩雕（*Aquila heliaca*）、玉带海雕（*Haliaeetus leucoryphus*）、胡兀鹫（*Gypaetus barbatus*）、大鸨（*Otis tarda*）、波斑鸨（*Streptopelia orientalis*）、雕鸮（*Bubo bubo*）、黑颈鹤（*Grus nigricoliis*）、黑鹳（*Ciconia nigra*）等；国家二级重点保护野生动物有36种，主要有兔狲（*Felis manul*）、猞猁（*Felis lynx*）、石貂（*Martes foina*）、荒漠猫（*Felis bieti*）、盘羊（*Ovis ammon*）、鹅喉羚（*Gazella subgutturosa*）、黑鸢（*Milvus korschun*）、苍鹰（*Accipiter gentilis*）、大鵟（*Buteo hemilasius*）、普通鵟（*Buteo buteo*）、小雕（*Aquila pennata*）、白尾鹞（*Circus cyaneus*）、猎隼（*Falco cherrug*）、燕隼（*Falco supputeo*）、红隼（*Falco tinnunculus*）、黑腹沙鸡（*Pterocles orientalis*）、雕鸮（*Bubo bubo*）、纵纹腹小鸮（*Athene nuclaas*）等。其中，普氏野马和鹅喉羚是蒙古野驴的主要资源竞争者。

二、内蒙古中西部

内蒙古中西部区——二连浩特市至乌拉特后旗，包括额仁淖尔、锡勒苏木、卫井、满都拉、巴颜花、索伦、干其毛都、川井、宝音图、楚鲁图，以及内蒙古自治区巴彦淖尔市乌拉特梭梭林—蒙古野驴国家级自然保护区。

（一）地形地貌

二连浩特市至乌拉特后旗的中蒙边境地区属蒙古高原的南缘，地形平坦而开阔，有少量丘陵低山散布。内蒙古自治区巴彦淖尔市乌拉特梭梭林—蒙古野驴国家级自然保护区位于巴丹吉林沙漠以东，黄河河套地区以北的内蒙古高原，海拔在1000m以上；狼山呈东北—西南走向贯穿其间，狼山主峰海拔2364m。地域广袤，草质优良。地形可分为山地（占15.1%）、低山丘陵（占10.3%）、砂砾石戈壁高原（占52.9%）、沙丘戈壁沙地（占20.4%）、山前冲积平原（占1.3%）。境内较大的河沟有6条，为季节性河流。

（二）气候特征

本区属高原大陆性气候。主要特点是：冬季寒冷干燥风沙多，夏季干旱降雨少，日照强烈，蒸发量大。年平均气温为4.4℃左右，最高气温为35.2℃，最低气温为–34.6℃；年平均降水量在138.5mm左右，年蒸发量2752.2mm；日照时间长，无霜期短，年日照3279.1h，年平均无霜期140d左右；年平均风速5.1m/s，瞬间最大风速36m/s；年均7级以上大风日数89.6d。自然条件恶劣。

（三）水文特征

境内较大的季节河有6条，雨大则山洪泄溢，天旱则干涸见底。地表水和地下水储量均不丰富，是缺水地区。平均年总流量79.9万m^3。地下水资源可分为4个类区：黄河水补给区、外流水系区、内流水系上游区、内流水系下游区。

（四）土壤类型

土壤可分为2个土类、2个亚类、6个土属。地带性土壤为灰棕漠土，非地带性土壤有风沙土。

（五）植被类型

保护区内植被属典型荒漠植被类型，有小半乔木荒漠植被、夏绿灌木荒漠植被、常绿灌木荒漠植被、盐湿荒漠4个荒漠植被型，7个群系。以多年生灌木为主，优势植物有梭梭、白刺（*Nitraria tangutorum*）、盐爪爪和沙蒿等，中部至东部则以柠条（*Caragana korshinskii*）、沙生针茅（*Stipa glareosa*）、蒙古葱（*Allium mongolicum*）、芨芨草（*Achnatherum splendens*）等为优势。保护区共有种子植物22科60属96种，国家重点保护植物有裸果木（*Gymnocarpos przewalski*）、肉苁蓉（*Cistanche deserticola*）、绵刺（*Potaninia mongolica*）、梭梭、沙冬青（*Ammopiptanthus mongolicus*）、蒙古扁桃（*Amygdalus mongolica*）等。梭梭呈片状分布于沉积疏松沙地上，形成纯林或与泡泡刺（*Nitraria sphaerocarpa*）等混生，边缘地带与戈壁霸王（*Zygopyllum xanthoxylon*）混生，一般呈丛状生长，每丛 3～5株，多者可达 10余株，株高一般在1～3m之间，最高可达4～5m，冠幅与树龄成正比，在0.8～4m之间，是荒漠地区特有的树种之一，在区系上属于戈壁叶兰种，根系发达，可深入到地下4～5m以下的地下水层，具有抗旱、耐寒、抗风蚀沙埋、耐盐碱的特点。

（六）野生动物

保护区野生动物区系简单，种类相对较少，但啮齿类繁盛。有蹄类种类较少，但数量相对较多。其中兽类有7目13科31种，鸟类4目13科37种，爬行类2科6种，两栖类2科4种，鱼类1科2种。兽类主要有蒙古野驴、北山羊、盘羊、岩羊（*Pseudois nayaur*）、鹅喉羚、兔狲、猞猁、狼（*Canis lupus*）、狐狸（*Vulpes vulpes*）、荒漠猫等；鸟类主要有大鸨、波斑鸨、蓑羽鹤（*Anthropoides virgo*）、灰鹤（*Grus grus*）、金雕、红隼等。

三、内蒙古西北部

内蒙古西北部区——狼山至马鬃山，包括乌力吉、巴格毛德庙、巴音戈壁、苏红图、银根、傲干奥日布格、雅干、老东庙、路井、狐狸山、清河口。

（一）地形地貌

额济纳旗地处阿拉善高原西部与马鬃山和北山东段北缘山地的连接地带，呈扇状。东部为阿拉善高原宗乃山和雅布赖山接连的拐子湖北山；东南是巴丹吉林沙漠西部，沙漠面积15553.6km^2，占全旗总面积的15.17%，以流动沙丘为主；西部及南部是与马鬃山和北山东段相连的剥蚀低山、残丘和戈壁；西北部和北部均为低山残丘和戈壁。主要山丘有马鬃山、合黎山、黑鹰山、狐狸山、巴彦宝格德山、洪古尔吉山等。其中马鬃山位于甘肃省西北端和内蒙古西部交接处，最高峰海拔1600m左右。额济纳旗境内的戈壁总面积6077.5km^2，额济纳河将其分为西、中、东3个部分。额济纳旗中部是额济纳河的冲积平原——额济纳绿洲，该绿州南接黑河下游上段的鼎新绿洲，北连苏泊淖尔（东居延海）和嘎顺淖尔（西居延海），西抵马鬃山和北山相连的山脉，东连巴丹吉林沙漠。面积29362.54km^2，分布着大面积的天然次生林。整体地势西南高，北边低，中间低平。大部分地区海拔高度1200～1400m，相对高度50～150m，平坦地带海拔1000m左右，西居延海最低，海拔820m。

（二）土壤类型

本区为荒漠化土壤，总体特征表现为土质粗砺、土体干燥、土壤可溶性盐类表聚、碳酸盐增加、有机质缺乏、有效成分不高、土壤生产力低等。可划分为11个土类24个亚类28个土属。其中，灰棕漠土的分布范围最广，占全旗土壤总面积的45%。石质土在额济纳旗主要分布于马鬃山、赛汉陶来苏木和雅干山一带的剥蚀残山、残丘地，占全旗土壤总面积的17.28%，为额济纳旗的第二大土壤类型。此外还有风沙土、粗骨土、新积土、盐碱土、林灌草甸土等。

（三）气候特征

额济纳旗位于中亚荒漠东南部，西、西南、北三面环山，太平洋、印度洋的暖湿气流受高山、高原、远距的阻隔很难到达本区。全境冬季受蒙古高压气流控制，夏季受西风带影响，为大陆性气候。具有植被稀疏、气候干燥、降水量少、蒸发量大、冬季寒冷、夏季炎热、气温年较差及日较差大、光照充足、多风沙的气候特点。多年平均气温为8.3℃，1月平均为−12.5℃，7月平均为26.3℃，年平均日照时间为3396h，年平均无霜期为145d，平均降水量为38.2mm，年平均蒸发量为3653.0mm，年平均风速为3.9m/s。大部分地区年平均气温7.8～8.5℃，年均极端最高气温40℃以上。最冷在1月，平均气温−13.5～−11.7℃，极端最低气温为−37.6℃。

（四）水文条件

黑河入额济纳旗境内后称额济纳河，在境内流程250km以上，平均河宽150m左右，正常水位1.5m左右，平均流量在200～300m^3/s。额济纳河在巴彦宝格德山分为东、西两系，由南向北在三角绿洲上又分支19条，如巴拉吉日敖包河、穆仁河、纳林河、达西敖包河等。20世纪60～70年代，额济纳河的年下泄量为10亿m^3，进入20世纪80年代后，年下泄量下降至4亿m^3，枯水年只有2亿m^3。

（五）植被

在内蒙古植物分区系统中，额济纳地区属“西戈壁植物省”的“额济纳植物州”，有维管束植物35科115属206种（刘钟龄等，1998）。其中胡杨（*Populus euphratica*）、肉苁蓉、梭梭、沙冬青、裸果木、瓣鳞花（*Frankenia pulverulenta*）6种为中国植物红皮书所收录的稀有濒危植物。在内蒙古植物区系中，仅分布在额济纳地区的植物有19属28种，如沙木蓼（*Atraphaxis frutescens*）、盐穗木（*Halostachys caspica*）、戈壁藜（*Lljinia regelii*）、戈壁雀儿豆（*Chesneya grubovii*）、戈壁霸王（*Zygophyllum xanthoxylum*）、瓣鳞花等。根据内蒙古自治区植被地带的划分，额济纳旗所处的地域为暖温型荒漠带的典型荒漠亚带。额济纳旗的西部、南部和北部的低山残丘被红沙（*Reaumuria soongorica*）、泡泡刺、合头草（*Sympegma regelii*）荒漠为主的典型荒漠群落所占据。山前地带最明显的植被类型是干河床植被，离山最近的植被为山地灌丛，如高大的膜果麻黄（*Ephedra przewalskii*）、白皮锦鸡儿（*Caragana leucophloea*）荒漠灌丛等；在离山稍远地段变为以梭梭为主的小半乔木荒漠，并一直分布到谷底边缘。干河床的末端，有的变为由细枝盐爪爪（*Kalidium gracile*）组成的盐生荒漠植被，有的则变为白刺灌丛。离山较远的细小干河床，除梭梭外还可见到草本植物的群聚。山前洪积扇和弱水古冲积平原，覆盖着砾石戈壁，生长着极度稀疏的红沙小灌木荒漠和特殊的梭梭荒漠。洪积扇扇缘和浅谷是沙砾质戈壁，主要群落为红沙+泡泡刺荒漠。山谷间覆沙戈壁上有大面积的梭梭荒漠和戈壁藜荒漠。额济纳河两岸主要植被类型为盐生灌丛、盐生草甸、盐生沼泽和河岸疏林。

第三节　调查结果

一、新疆东北部——卡拉麦里山保护区

（一）栖息地植被类型划分

采用卡拉麦里山保护区地形和植被图（1∶5000），依植被和地形单元将保护区划分为6种植被类型：①白梭梭（*Haloxylon persicun*）+白皮沙拐枣（*Calligonum leucocladum*）+蛇麻黄（*Ephedra distachya*），属沙质荒漠；②驼绒藜（*Ceratoides latens*）+沙生针茅（*Stipa glareosa*）+梭梭（*Haloxylon ammdendron*）+假木贼（*Anabasis brevifolia*），为沙砾质荒漠；③猪毛菜（*Salsola* spp）+假木贼（*Anabasis brevifolia*）+戈壁针茅（*Stipa gobica*），为黄土荒漠；④驼绒藜（*Ceratoides latens*）+猪毛菜（*Salsola* spp）+戈壁针茅（*Stipa gobica*），山地砾质荒漠；⑤盐爪爪（*Kalidium foliatum*）+盐穗木（*Halostachys belangeriana*）+柽柳（*Tamarix chinensis*），盐土荒漠；⑥假木贼（*Anabasis brevifolia*）+ 盐节木（*Halocnermum strobilaceum*）+ 花花柴（*Karelinia caspica*），盐土荒漠。

（二）密度和数量

经初步踏查和保护站人员多年巡护观察，蒙古野驴不分布于沙质荒漠和卡拉麦里山地。因此，所布设的8条样线纵横穿越保护区内除沙质荒漠和山地以外的所有生境类型。样线总长度达640.9km，最长样线136km，最短样线8.5km，样带平均宽度1.19km，调查面积为541.031km^2，占保护区除沙质荒漠和山地以外总面积的12.7%（图3-1）。

实际用于野外调查时间共计15天，调查结果见表3-1。调查中共观测到蒙古野驴53群，计1039头；野驴群距样线垂距最小为0.35km，最大为1.10km，平均值为0.59km；最小个体密度为0.04703头/km^2，最大为2.10680头/km^2，平均值为1.23081头/km^2。

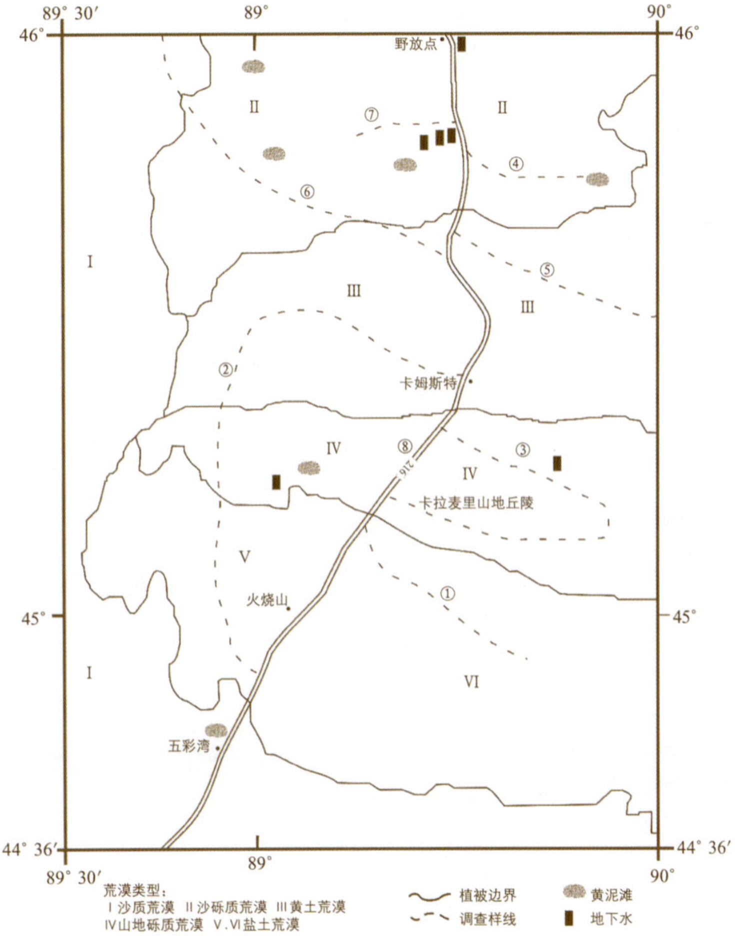

图3-1 新疆卡拉麦里山保护区的植被划分及调查线路
Fig. 3-1 Vegetation types and survey itinerary in Kalameili Nature Reserve, Xinjiang

表3-1 卡拉麦里山保护区蒙古野驴的样线调查结果
Tab. 3-1 Results of transect survey for Asiatic wild Ass in Kalamaili Nature Reserve

样线号	样线长度(km)	遇见头数(头)	群 数(群)	平均垂距(km)	样带面积(km^2)	群体密度(群/km^2)	个体密度(头/km^2)	平均群体大小(头/群)
1	35.0	45	7	0.36	25.21	0.277	1.78	6.4
2	170.0							
3	117.0	335	20	0.88	206.50	0.096	1.62	16.8
4	8.5	17	5	1.10	18.70	0.267	0.90	3.4
5	72.6	328	9	1.07	155.68	0.058	2.10	36.4
6	70.0	312	10	0.66	92.40	0.108	3.37	31.2
7	31.5	2	2	0.67	42.52	0.047	0.04	1.0
8	136.0							
合计	640.9	1039	53	0.79	541.03	0.107	1.23	11.9

因此，当可信度为80%时，密度为1.23±0.19=（1.04，1.42）头/km^2。依据蒙古野驴在卡拉麦里山保护区内的有效分布面积4252.96km^2计算，得出蒙古野驴的种群数量为N=5234±834头，数量的置信区间为（4400，6068）头。

（三）聚群与空间分布

本次调查共计遇见野驴53次，最大群体数量为189头，最少为1头，平均群体数量11.9±7.84头（表3-2）。调查中共发现单个野驴个体11头，占总数的1.06%，从毛色和体型判断，这些个体大多是亚成体雄性。2～10头的小群遇见率最高，共计遇到23群，占统计总群数的43.4%；11～30头的小群占群体遇见数的22.64%；31～50头的群体遇见率最低仅为1.89%；＞51头的群体占到总遇见群数的11.32%，但占到总遇见头数的62.8%。由此说明，在调查季节，从群体单元看，蒙古野驴以小群活动为主，从个体数量看，主要以中或大群活动为主。葛炎等（2003）报道该保护区的野驴主要以小于10头的规模活动，这与本项调查一致。从数量调查看，8条样线中仅有6条线路遇见野驴，共计1039头，其中有975头，占所遇见野驴总数的94%来自调查样线L3 、L5 和L6，并且最高样线的密度D6与非零最低样线密度D7相差近70倍。显然，蒙古野驴在9～10月呈现出非均匀性的分布。

表3-2 调查样线所观察到的野驴群及其个体数

Tab. 3-2 Asiatic Wild Ass groups and numbers along transects in Kalamaili Nature Reserve

参 数	群体规模（头）					合 计
	1	2～10	11～30	31～50	≥51	
群 数	11	23	12	1	6	53
个体数	11	101	224	50	653	1039
群体所占比例（%）	20.75	43.40	22.64	1.89	11.32	100

据本项调查，9～10月卡拉麦里山保护区蒙古野驴主要活动于保护区中、北部，在五彩湾以南数量很少。在植被条件较好的地段，野驴群数量明显较大。譬如，216国道东侧东西向20km余，南北向7～8km的平坦区域（89°31′44.1″ E，45°16′57.7″ N），9月21日于这片区域遇见野驴200余头，这里距卡拉麦里山31.5km，地势开阔，植物以木本猪毛菜和沙生针茅为主；在卡姆斯特东北约40km处的开阔区域（89°34′37.3″ ～89°56′39.7″ E，45°40′03.9″ ～45°31′47.4″ N），9月25日的调查中遇见300余头，此处植被主要以驼绒藜、蒿、假木贼为主；216国道西侧（88°58′20.4″ ～89°20′57.4″ E，45°59′51.1″ ～45°40′54.4″ N），9月30日的调查中遇见300余头，此处植被主要以盐生假木贼为主，伴生有驼绒藜、白茎绢蒿、沙生针茅等。

调查发现，生长较多针茅和驼绒藜植被类型中，蒙古野驴的遇见率较高，植被是决定野驴群数量分布的主要因素，按调查中的遇见率及其所在的植被类型，可以大体归纳出，驼绒藜+沙生针茅+梭梭+假木贼＞驼绒藜+木本猪毛菜+沙生针茅+琵琶柴＞木本猪毛菜+假木贼+沙生针茅+木地肤＞假木贼+盐节木+花花柴＞盐爪爪+盐穗木+怪柳+碱蓬 = 白梭梭+白皮沙拐枣+羽状三芒草+蛇麻黄。蒙古野驴在这6种植被类型中分布的群体规模也按这个顺序呈递减趋势。调查过程中同时发现，较大的野驴群主要出现于距水源地较近且植被较好的地段。显然，蒙古野驴在采食地和水源地之间做权衡。因此，可以断定，保护区内优良植被斑块和水源的不均匀分布导致了野驴分布的不均匀性。

调查中还发现，虽然蒙古野驴群或个体很少靠近216国道，一般发现位点距公路约2km以上，但在该国道两侧筑路留下的低洼积水处发现了较多的野驴足迹，显然是野驴群饮水留下的。可见，该国道并未成为蒙古野驴于公路东西两侧迁徙的阻限，公路两侧的野驴数量也未出现明显的差别。216国道筑成于1991年，蒙古野驴可能多年来已习惯了交通运输。调查推测，野驴穿越国道的时间可能主要是夜晚车辆较少的时段。

（四）结果分析

1982年7月的航空调查结果，发现蒙古野驴73群，计358头（楚国忠，1985）。可见，经过20多年的保护，蒙古野驴的种群数量已有较大的增长。2001年5月的样线调查结果表明，蒙古野驴的密度为0.61±0.14头/km^2，种群数量2632～4200头（葛炎等，2003）。推测，数量偏低的原因可能是抽样强度不够，未按植被类型逐一调查蒙古野驴的群体数量。

尽管按植被图可将卡拉麦里山保护区的植被做大体划分，然而，实际上由于保护区内地形地势和土壤积水条件的差异，植物种类及其所形成的植被斑块呈现出多样化的格局。在水分条件好的地段可出现针茅等优良饲草集中的区域，这些地段成为野驴群集中的区域，尤其是距水源较近的地方，野驴群更为集中，造成水源地附近区域的饲草啃食殆尽的状况。保护区地处干旱区，每年的降水集中于夏、秋两季，所形成的积水洼地，即“黄泥滩”是野生动物极为重要的水源地。本年度夏季降水较少，而秋季出现了较大的降雨并由此带来了保护区植被的再次生长，水源和食物的非均匀性分布无疑是导致蒙古野驴非均匀分布的主要原因之一。

据观察，在夏季，蒙古野驴分布相对分散，甚至在纵穿保护区的216国道旁也可较容易地见到野驴群。进入9月中旬后，随着气温的逐渐降低，野驴开始由小群向大群聚集，并开始向保护区南边迁徙。此期间在整个216国道附近很难看到野驴，一般要离开国道2km左右才有野驴出现（这可能是调查样线8没有记录到野驴的主要原因）。据保护区管理站人员的多年观察，这种逐渐聚群的状态一直持续到入冬并最终形成较大规模的蒙古野驴群。

二、内蒙古中西部

主要在内蒙古中部自二连浩特市至乌拉特后旗的中蒙边境地区、西部的阿拉善盟全境的中蒙边境区域以及彦淖尔市乌拉特梭梭林－蒙古野驴国家级自然保护区对蒙古野驴进行了调查。调查过程中，在中蒙边境铁丝网的中国一侧，共记录蒙古野驴个体12头，最大群4头，其余的为单只活动。经计算，整个分布区内蒙古野驴总数不足100头（表3-3）。

表3-3 内蒙古中西部蒙古野驴的数量调查结果

Tab. 3-3 Result of research for the number of Asiatic Wild Ass in midwest Inner Mongolia

位　置	记录数量（头）	密度（头/km^2）	活动面积（km^2）	估计数量（头）
边境缓冲地带	75	0.797	193.5	154.22
边境内（我方）	12	0.06	1488	89.28
20.75	43.40	22.64	1.89	11.32

在2005～2014年的多次野外考察发现，大部分蒙古野驴都是出现在两国边境围栏之间宽度为1km的缓冲地带范围内，每年冬季都有数量不等的蒙古野驴活动，其中最大一群野驴数量超过100头。经计算，缓冲地带中野驴密度为0.797头/km^2，远大于围栏外的0.06头/km^2。此区域没有牧民放牧以及其他人为活动的干扰，自然植被较好，因此为蒙古野驴等野生动物生存创造了良好的栖息环境，成为一个重要的庇护所。

2000年冬季，蒙古国突降罕见大雪，野驴等野生动物受到空前威胁，据李春旺等（2002）调查，有1.4万头蒙古野驴涌入该地区。此后虽然各级政府采取了积极的措施，并建立了自然保护区，但由于该地区环境容纳量不足以支持如此大的种群，再加上资源过渡利用，人类活动对野生动物生存空间的不断挤压，使蒙古野驴的生存空间不断退缩，并逐渐退回到蒙古国一

方。目前，该地区仅剩少量野驴栖息活动。

2014年12月中旬之后，在中蒙两国边境围栏之间，有大群蒙古野驴出现。野外观察到的最大群体数量超过100头，也有少数个体穿过边境围栏进入中国境内活动。直到2015年3月中旬，两国边境围栏间的野驴才穿过边境北迁，仅有极少数个体在夏季也能发现在这一地区的中国境内，数量非常少，很少能观察到。

三、内蒙古西北部

调查组首先走访边防部队，了解辖区内近年来蒙古野驴的活动情况。调查中未见野驴个体，查看边境铁丝网以内亦未见野驴的粪便和足迹。走访边防连队了解到，近3年来，边防部对在巡逻活动中未见到野驴实体，过去曾常见到野驴的地段，近年来也不见野驴踪迹。

边境铁丝网开始修建以来，野驴的迁移通道逐渐被阻断，在阿拉善边防区，边防围栏已接近全线闭合，野驴的迁移通道被完全阻断。查看谷底斜坡地段，发现一些水冲沟穿越铁丝网，地面与铁丝网可形成20～30cm的间隙，推测鹅喉羚等中小型动物可穿越，但野驴穿越的可能性极小。由此断定，内蒙古西北部区可能仅有少量残存个体，数量不超过50头。

四、迁移范围和路线

国内一直缺乏对蒙古野驴的系统调查，更谈不上连续的监测工作。因此，目前难于详细了解蒙古野驴的迁移路线和距离。依据本项调查获得的结果，大致勾勒出蒙古野驴在我国境内的迁移范围和路线。

通过对卡拉麦里山保护区及周边牧民的访问调查，表明蒙古野驴的分布仅限于该保护区，迁移范围没有超出该保护区。在春季至秋季，野驴主要活动于卡拉麦里山南、北平原区。调查显示，野驴主要活动于卡拉麦里山北部，其原因可能是北部水源地较多，饲草条件明显好于南部。在这3个季节，野驴迁移方向主体呈东西向，迁移距离在几千米到几十千米，主要是寻找较好的植被条件和水源。在水源地附近可以清晰地见到呈放射状的“驴道”，距离一般为几千米，连接取食地和水源地。调查认为，这主要是蒙古野驴的正常的取食及饮水行为留下的痕迹，此种活动不同于迁移。因此，野驴短距离的活动主要是在水源地与取食地之间的活动，范围一般不会超过10km。而较长距离的迁移则是在水源地间或取食地间的活动，范围一般在10km以上。调查中发现，野驴群在一处水源地停留一段时间后，该处水源经驴群饮用

和践踏，水质会迅速变差；周围饲草经取食和践踏，所剩无几，几乎成为硬质裸地，从而迫使野驴迁往他处，寻找新的水源地。由此形成了蒙古野驴群的短距离活动与长距离迁移活动的交替。冬季，蒙古野驴群一般越过低矮的卡拉麦里山，迁往卡拉麦里山的南部。其原因尚不清楚，但两个明显的因素可能促使野驴群南迁：其一，初冬时节，牧民及20万～30万只的家畜陆续进入保护区，迫使野驴往南迁移；其二，卡拉麦里山北部平原降水相对较高，主要生长低矮的草本植物，积雪覆盖后不易取食，而南部较为干旱，主要生长小灌木，可以露出于雪被上，便于取食。调查发现，卡拉麦里山北部在冬季仍有不少蒙古野驴活动，但远离家畜群。由此认为，可能是家畜、饲草和雪被共同作用下，导致蒙古野驴的南迁。

内蒙古西部已不见成群的蒙古野驴。近几年来，随着边境铁丝网的修建，野驴跨越国境的迁移已彻底中断，已无从考证其迁

移范围和路线。通过走访当地牧人并依据植被稀疏、降雪稀少、水源缺乏等自然条件推测，历史上这些区域的蒙古野驴应该存在较大范围的迁移活动，可能围绕水源地及河流之间，而沿河流迁移可能是其主要路线。

在内蒙古自治区中部地区即二连浩特至狼山以北的中蒙边境地区，蒙古野驴有明显的季节性迁移现象。观察记录表明，每年冬季11～12月，蒙古野驴开始出现在上述地区。迁移群体大小年度差异很大，但每年最早出现在内蒙古自治区境内的蒙古野驴群体均为小群体，以5～12头的小群体活动。观察证实，这些小群体中有一定比例的当年幼体，很可能是家族群。这些族群在到达中国境内后逐渐聚集，群体数量不断增大，在冬季则以大群体活动为多，没有观察到单独活动的个体。蒙古野驴进入内蒙古境内后，活动范围仅限于中蒙边境地区，在边境线中方一侧距边境线20km的范围内，由于内蒙古自治区人民政府为解决这一地区草原沙化问题，将该区域内牧民迁出，使这一区域的人类活动大幅度减少，2005年冬季进入这一地区的蒙古野驴的群体数量较多。在每年的2～3月间，蒙古野驴开始回迁，迁移路线有自东南向西北的明显趋势，通常是最东的群体开始沿边境线向西移动，在移动的过程中，一部分个体穿过中蒙边境铁丝网，进入蒙古国境内，穿越边境铁丝网的具体地点不明，也无明显的固定穿越区域。

第四章 Chapter 4

蒙古野驴食性及营养成分分析

第一节　有蹄类动物食性研究方法概述

动物的食性是指动物在自由状态下摄食的食物种类。研究动物的食性是了解动物营养状况和能量代谢、评价栖息地质量的基础工作，也是深入研究种间关系、测定生物群落内物质流动的基本内容。有蹄类动物的食性研究方法主要有以下几种。

一、　直接观察法

直接观察法是间隔一定距离观察有蹄类取食的植物种类，依据动物对每种植物的取食时间来确定食物组成。该方法的的优点是直接观察动物确定食物的组成，不受动物对植物不同消化问

题的影响，而被认为是唯一经得起实践检验的食性研究方法（Hobbs，1985）。同时，直接观察法作用于动物本身，可以获取被观察动物的其他信息。该方法的缺点是，在野外，直接观察野生动物比较困难，尤其是对于一些数量稀少的珍稀濒危动物，直接观察到一定数量的样本动物十分不易，少量个体及短时间的观察难于获得准确的食性结果。而且，直接观察法还受到地形和距离的限制，可能影响观察的结果。国内外研究者采用此方法研究过白尾鹿（*Odocoileus virginianus*）（Hahn et al，1945），马麝（*Moschus chrysogaster*）（郑生武等，1979），水鹿（*Cervus unicolor*）（袁喜才，1983），白臀鹿（*Cervus elaphus*）（胥明肃，1983），梅花鹿南方亚种（*Cervus nippon kopschi*）（蔡贵全，1990），东北梅花鹿（*Cervus nippon mantchuricus*）（秦荣前，1991），原麝（*Moschus moschiferus*）（粱凤锡，1992），羚牛（*Budorcas taxicolor*）（曾志高，2001）。

二、咬啃计数法

咬啃计数法包括取食地点检查法和啃食调查法。取食地点检查法是通过野外观察，确定有蹄类的取食地点，以样方或样带的形式对动物采食枝条或草本植物的次数或咬数进行统计，以此来判定动物的食物组成。啃咬计数法主要通过跟踪动物留下的新鲜足迹链，统计动物啃食的枝条数，进而确定动物取食各种植物的比例。该方法的优点是，避免观察动物的困难，只需要寻找动物的新鲜采食位点并测定。然而，在运用取食地点检查法时，样方或样线的设置很难做到与植物的分布和动物的取食方式保持一致；其次，当几种相近的有蹄类同时利用一个取食地点时，它们的啃食痕迹很难区别，其结果误差极大；再者，在植物的生长季节，啃食痕迹也很容易消失。这些是该方法的缺陷。国内外研究者采用此方法研究了叉角羚羊（*Antilocapra americana*）（Cole et al，1956），白尾鹿（*Odocoileus leucurus*）（Wetzel et al，1975），海南坡鹿（*Cervus eldi hainanus*）（宋延龄，1992）。

三、自助餐测定法

自助餐测定法是人为采集动物可能取食的食物种类，分别按种类摆放，动物可以自由取食。该方法的优点是，可以准确测定动物对食物的选择程度。然而，该方法的缺点是，需要等量采集大量的潜在食物种类，对于数量稀少的种类，采集并不容易；其次，人工摆放的食物并非自然状态的食物，动物采食过程受到了人为干扰。因此，该方法的实用性并不高，主要运用于圈养状态下的野生动物。

四、胃内容物分析法

胃内容物分析法是研究有蹄类食性的经典方法，通过对动物胃内容物的分析来确定动物食性的方法。在20世纪70年代以前，动物的食性研究主要以该方法为主。该方法的优点是，无需跟踪动物个体及观察采食地点，只要能获取足够的胃样本数，即可较好地分析动物的食性。然而，该方法也存在珍稀濒危物种的胃样本难以获得，即便在野外偶有发现病死或冻死的动物标本，但数量终究有限且胃样本材料一般不好，无法保证分析结果的精确性；其次，胃内容物中的大部分饲草种类，由于消化的作用呈糊状，很难用肉眼辨认；再者，与粪便显微分析法相比，胃内容物分析法所需的样本要大2～5倍。国内外研究者采用此法研究过黑麂（*Muntiacus crinifrons*）（欧善华，1981），马鹿（*Cervus elaphus*）（李继承，1989），驼鹿（*Alces alces*）（徐学良，1989），梅花鹿（*Cervus nippon*）（Yokoyama et al，2000；Jayasekara et al，2000），狍（*Capreolus capreolus*）（Prins et al，1971）。

五、粪便显微分析法

粪便显微分析法是一种使用显微组织学技术分析动物的粪便以确定其食物组成的方法，该法在20世纪30年代末首先提出，其基本原理是植物角质层留有表皮细胞的印迹。角质碎片通过动物消化道后除大小变化外，仍具有原表皮细胞的模式结构。植物各科、属，甚至种的表皮细胞结构各具特点，因此根据粪便中未被消化的角质碎片的细胞结构，可鉴定动物取食的植物种类。该方法的优点是，不需要跟踪动物个体，也不需要杀死动物个体，仅收集动物的粪便和潜在的食物材料，同时取样过程对动物的干扰很小，适用于珍稀濒危有蹄类的食性研究。该方法的缺点是，研究者需要十分熟悉各种植物的表皮形态特征，操作程序较为繁琐。同时，食物种类较多的材料，难于保证准确分辩到种。由于该方法的明显优点，在食草动物食性研究中得到广泛的应用，自20世纪70年代以来，粪便显微分析法一直是研究野生动物食物组成的主要方法。国内外研究者采用此法分析过黑尾鹿（*Odocoileus hemionus*）（Bandy et al，1970），麋鹿（*Elaphurus davidianus*）（Hobbs et al，1981），马鹿（Hearney et al，1988；陈化鹏，1989），驼鹿（于孝臣等，1990；1991），黄羊（*Procapra gutturosa*）（高中信等，1995），野生双峰驼（*Camelus bactrianus*）（张莉等，1997），蒙古野驴（Hu Defu et al，1998），普氏原羚（*Procapra prezwalskii*）（李迪强等，1999；刘丙万等，2002），狍（Mussa et al，2003）。

六、粪便DNA分析技术

粪便DNA分析技术是以动物粪便为实验材料，应用分子生物学手段研究动物粪便中的DNA，使用特异性引物，利用PCR 技术即可扩增某一特异片段并进行分析，从而判定动物的食物组成的方法（Sidransky，1992；Bretagne，1993）。该方法的优点是，与粪便显微分析法一样，粪便DNA分析技术对野生动物取样干扰少，是一种非损伤性的取样方法。对于粪样中那些几乎完全被消化的，不能通过粪便显微分析法和胃内容物分析法辨别的食物种类，此法中的PCR 技术就成为现有食性分析法中唯一可行的方法。该方法的缺点也是显而易见的，除了粪便中食物细胞会有不同程度的降解以及这种分析方法费时费力，尤其是费用昂贵外，更为重要的是，食物中物种的组成不能通过DNA的分析进行量化，因而粪样中遗传物质的分析仅仅能够作为食物组成研究的一个补充，广泛采用的可能性很小。目前，该技术在判定动物食性上，研究报道也较少（Hoss，1992；WAsser，1997）。

从有蹄类动物食性研究方法的趋势看，主要从直接观察法和啃咬计数法向粪便分析法转变。当然，各种方法均有其优缺点，采用哪种方法取决于研究对象的可行性，不能一概而论。

第二节　研究地点及方法

一、研究地点

（一）新疆卡拉麦里山保护区

2005年6～7和9～10月，两次对新疆卡拉麦里山保护区进行栖息地食源植物调查，食源植物地上可食部分的样品采集及蒙古野驴新鲜粪便的收集。

（二）内蒙古东部地区

2005年5月至2006年7月，在内蒙古包头市达尔罕茂明安联合旗查干哈达苏木，采集蒙古野驴新鲜粪样及其栖息地食源植物地上可食部分的样品，同时，记录有采食痕迹的植物种类。

二、研究方法

（一）食源植物种类调查

在蒙古野驴活动范围内的主要植被类型，每个植被类型随机取10m×10m样方20个，采集样方内植物所有种类的标本。利用高倍望远镜，在野外直接观察蒙古野驴的取食行为，跟踪采集具有取食痕迹的植物种类，按采集日期、地点和生境逐一对植物编号，室内鉴定到种或属。

（二）植物资源谱

记录样方中各种植物的株数，分别测量株高（求平均值），用剪草法分种剪取植物的地上可食部分，称重，统计所测样方数中的数据，求出每个种的平均高度，平均生物量和平均频度，并按下列公式求出样方中各个种的相对高度（Relative Height，略作$R{\cdot}H$），相对生物量（Relative Biom Ass，略作$R{\cdot}B$）相对频度（Relative Frequency，略作$R{\cdot}F$）。

$$\text{种i的}R{\cdot}H=\text{种i的高度/各个种的高度总和}\times 100\%$$

$$\text{种i的}R{\cdot}B=\text{种i的高度/各个种的高度总和}\times 100\%$$

$$\text{种i的}R{\cdot}F=\text{种i的高度/各个种的高度总和}\times 100\%$$

一个种的相对高度反映该种在群落中的优势程度，一个种的相对频度反映该种在群落中的分布状况，同样一个种的相对生物量反映了该种在群落中贮存能量的相对比例，相对生物量大的种其绝对生物量也必然大。根据Grodzinski（1975）对天然食物的定义，动物是在一定时间空间内寻觅食物的，动物在环境中寻觅食物的难易程度受该种植物在环境中的优势程度、分布状况、能量贮存状况影响。结合蒙古野驴的采食方式（它只能利用一定高度范围的植物），认为：相对高度（$R{\cdot}H$）、相对生物量（$R{\cdot}B$）和相对频度（$R{\cdot}F$）3项参数构成了各个资源位的相对丰富程度。它们在动物寻觅食物中起着同样重要的作用，因此，将它们皆赋予1/3的权值，相加之和作为各个资源位的相对丰富度（Relative Abdundance，略作$R{\cdot}A$），计算公式如下：

$$种i的R{\cdot}A=1/3\ (R{\cdot}H+R{\cdot}F+R{\cdot}B)$$

（三）食性分析

1．粪样采集

在野外实地考察中寻找蒙古野驴的新鲜粪便。在新疆分布区，家马于夏秋季尚未进入卡拉麦里山保护区，而放归的普氏野马活动范围有限，不在本研究的取样区域；在内蒙古分布区不存在粪便区分问题，因为定点观察研究的是3个小群体，粪便样本采集是在直接野外观察到蒙古野驴个体的情况下进行的。在粪样采集时，每堆粪便采集3粒样本，10～15个样本构成一组，幼驴的粪便单独分组，用吸水纸包好，标记后放入收集袋中，标注采集时间、地点（地理坐标）、生境特点等相关信息。不同季节和不同区域采集的野驴粪便每10～15个粪样作为一组。

2．标本处理和样片制备

将食源植物组织样本在60℃下烘干24h，经粉碎后在孔径为0.15mm的筛中筛选，取过筛的粉末样品1.0g，放入50mL的烧杯中加15mL的蒸馏水，放入沸腾的水浴锅中煮3h，取出后放置至常温后加入5mL浓盐酸处理5分钟制成镜检显微片，每种样本制片3张。

同理，将粪便样本在60℃下烘干24h，经粉碎后在孔径为0.15mm的筛中筛选。取过筛的粪便粉末样1.0g，放入50mL的烧杯中加15mL的蒸馏水，放入沸腾的水浴锅中煮3h，取出后放置至常温后加入5mL浓盐酸处理5分钟后制成镜检显微片，每个粪便样本制片5张。

3．植物种类的识别

在10×40倍的显微镜下，观察各种植物样片中植物角质表皮细胞的形状、大小、排列方式以及细胞壁的厚度、气孔的形状、大小及密度；表皮毛基细胞的大小、形状及密度等可鉴别的形态特征；气孔与表皮毛基细胞的相对大小等特征，并用显微照相系统对各种植物进行数码拍照，作为食性分析时显微鉴定的对照样本。观察粪便样片，每个样片观察20个视野，寻找植物的鉴定特征，镜检过程中统计每个粪便样片中显微视野范围内各种植物表皮碎片的总数及单种植物表皮碎片数。

4．食性选择的计算

（1）植物在动物粪便中的相对丰富度（r%）：

$$r\% = \frac{\sum(a_1 + a_2 \cdots a_n)}{\sum(A_1 + A_2 \cdots A_n)} \times 100\%$$

式中：$a_1, a_2 \cdots a_n$表示植物在第1～n 个粪样中植物碎片数；

$A_1, A_2 \cdots A_n$表示植物在第1～n 个粪样中总植物碎片数。

（2）食性选择系数（K）（Ivlev，1961）：

$$K = \frac{r - P}{r + P}$$

r 表示植物在粪样中的相对丰富度；

P表示植物在环境中的相对丰富度（$R \cdot A$）；

K的取值范围为：−1～+1；K为“＋”时表示优先选择的植物种类；K为“−”时表示回避选择的植物种类；−1表示拒绝选择的食物种类。

（四）营养成分测定方法

1．样品处理

将采集到的植物样品放在65℃烘箱中烘干，称重即为半干样品，再置于105℃烘箱内烘干至恒重，测定半干样品的水分含量；将105℃烘干植物粉碎过40目网筛，获得待测样品。分别测定蒙古野驴食源植物的粗蛋白、粗脂肪、粗纤维、粗灰分和磷含量。

2．半干物质含水量测定

将称量瓶称重并标明序号，取半干植物1g，放入已知质量的称量瓶，105℃烘干至恒重（误差不超过0.001g）。测定半干植物样的水分含量。

半干样品含水量（%）＝[半干样品质量（g）]−105℃干物重（g）/半干样品质量（g）×100%

＝（$W_2 - W_1$）/（W_2）×100%

式中：W_1为105℃干物质量（g），W_2为半干样品重（g）。

3．粗蛋白测定

采用凯氏微量定氮法，具体步骤如下。

（1）消化：称取样品0.2g，放入凯氏烧瓶底部，加入1g催化剂（$K_2SO_4 : CuSO_4 \cdot 5H_2O$ =5：1混合）加入15mL浓硫酸。然后将烧瓶至于通风橱消化架上，先用小火加热，待瓶内水分蒸发完，硫酸放出SO_2白烟可以加大火焰，使液体保持微沸状直到溶液呈透明蓝绿色为止。在消化过程中，要经常转动烧瓶，使得瓶壁上的碳化颗粒为浓硫酸回流至瓶底，使消化完全。为了缩短消化时间，等溶液变为浅棕色时，可另加入3～4滴30%过氧化氢。消化完毕，冷却，待蒸馏。

（2）蒸馏：待第一步得到的试样冷却后，缓慢向凯氏烧瓶内加蒸馏水并定容至50 mL摇匀，然后从定容瓶中提取20mL移入凯氏消化管中备测。将消化管支在凯氏滴定仪上，各加1s钟的硼酸和3s的氢氧化钠，启动蒸馏，蒸馏液流入三角瓶中，待凯氏定氮仪自动停止。

（3）滴定：蒸馏完毕后，取下三角瓶用标定好的0.02M硫酸溶液滴定，使溶液从蓝绿色变为淡紫色即为终点。

样本粗蛋白：

$$(N\times 6.25)\% = [(V_1-V_0)\times C\times 0.014\times 6.25]/(m\times V'/V)\times 100\%$$

式中：V_1表示样品测定时消耗的硫酸标准溶液体积（mL）；

V_0表示空白测定消耗的H_2SO_4标准溶液体积，本实验为0.31mL；

C表示硫酸标准溶液的浓度（0.02mol/L）；

m表示样品质量，本实验为0.2g；

V’表示试样分解液蒸馏用体积，本实验为20mL；

V表示式样的分解液总体积，本实验为50mL；

0.014表示N的毫摩尔质量（g/mol）；

6.25表示N换算成蛋白质的平均系数。

4．粗脂肪测定

采用阿贝折射法，称取105℃烘干植物的粉末1g置于研钵中，精确加入α-溴代萘5mL，用研磨棒充分研磨使脂肪溶出，静置数分钟后，将浆状物倒入有滤纸的漏斗中过滤，取1～2滴滤液，用阿贝折射仪测量混合液的折射率。

$$粗脂肪(\%) = (1\times \rho/m)\times[(n-n_1)/(n_1-n_2)]\times 100\%$$

式中：

V表示加入溶剂量，本实验为1mL；

ρ表示20℃时脂肪的密度，一般取0.92g/mL；

m表示样品质量，本实验为1g；

n表示纯溶剂的折射率，α-溴代萘为1.6582；

n_1表示混合液的折射率，用阿贝折射仪所测值；

n_2表示油脂的折射率，取花生油折射率为1.4720。

5．粗纤维测定

将干净的称量瓶和烘干的滤纸称重并标明序号。在已知质量的称量瓶中放入滤纸烘干并称重；取磨碎的样品1g装入已知质量的称量瓶中，在分析天平上准确称量无损失地倒入三角瓶中；在烧瓶外壁上，于等量于200mL容量处做记号，将200mL 1.25%的硫酸倒入瓶中，加热至沸腾再继续加热30分钟。加热时激烈沸腾，应经常搅拌，每5分钟要向瓶内加沸水使其容物达到记号处。以保持酸浓度不变。煮沸之后，用带有已知质量的滤纸漏斗抽滤，并用热蒸馏水冲洗烧杯及漏斗直至滤液将滤纸用石蕊试纸呈中性反应为止。

用1.25%氢氧化钠溶液将滤纸上的沉淀物完全洗入瓶内将其加热至沸腾再继续加热30分钟，操作同上。煮沸后冷却，用上一步骤所用已知质量的滤纸过滤，用蒸馏水冲洗2～3次，再用75%酒精冲洗2～3次直至滤液无色。将滤纸和沉淀放入以前称过这张滤纸的称量瓶中，在105℃的烘箱中烘至恒重并称量。

$$粗纤维(\%) = (m_1-m_2)/m_o\times 100\%$$

式中：

m_1表示135℃烘干后坩锅及残渣重（g）；

m_2表示550℃灼烧后坩锅及残灰重（g）；

m 表示未脱脂的试样重（g）。

6．粗灰分的测定

灼烧法，称取1g植物碎片放入干净的坩埚中，坩埚盖斜立在坩埚上。把坩埚放在马福炉中。炉温开到150℃碳化，将炉温升到550℃灰化1～2h，至样品成白色关闭电源。待温度下降到80℃左右，打开电炉盖好坩埚盖，把坩埚转至干燥器中，冷却到室温，称重量。

$$样品粗灰分（\%）= 灰分质量（g）/样品质量（g）\times 100\%$$
$$= (W_3 - W_1) / (W_2 - W_1) \times 100\%$$

式中：

W_1表示带盖坩埚重（g）；

W_2表示带盖坩埚+样本重（g）；

W_3表示带盖坩埚+灰分重（g）。

7．磷（P）含量的测定

采用钼蓝法，具体步骤如下。

（1）绘制标准曲线：准确移取磷标准溶液（50μg/mL）0，1，2，4，6，8，10，12，15mL于50mL容量瓶中，各加入钒钼酸铵显色试剂10mL，用蒸馏水稀释至刻度，摇匀，放置10分钟以上。以0mL溶液为参比，用10mm比色杯，用UV—2000型紫外可见分光光度计选用420nm波长，测各溶液的吸光度。以磷含量为横坐标，吸光度为纵坐标绘制标准曲线。计算得标准曲线方程：Y=0.015+0.056X（相关系数R=1.000）

样品浓度（μg/mL）	0	1	2	4	6	8	10	12	15
光密度值（OD值）	0.000	0.056	0.107	0.208	0.316	0.421	0.535	0.631	0.789

（2）磷（P）含量的测定：取消煮液10mL加入钒钼酸氨显色试剂10mL用蒸馏水定容至50mL。用UV—2000型紫外可见分光光度计，选用450nm波长，采用光镜1cm比色杯以浓度0为参比溶液测得各标准溶液的光密度。依据试液的光密度值，从标准曲线上即可查出试液后浓度。

$$样品中总磷量（\%）= X/m \times N \times V \times 100\%$$

式中：

m表示式样质量，本试验为0.1g；

N表示稀释倍数，本试验为5；

V表示试剂分解液的总体积，本试验为50mL；

X表示由标准曲线查得试剂分解液含磷量（μg/mL）

其中，总能和无氮浸出物为间接计算获得。

（五）数据处理

运用Excel和SPSS 13.0进行数据统计。用Kolmogorov-Smirnov test 检验所得数据的分布正态性，用Excel的T-test或X^2检验进行样本间差异显著性检验。并用LSD pair-wise comparison 对不同季节和月份间蒙古野驴食物组成的差异性检验，在统计过程中，用Levene′s test判断两样本方差的齐性（$P>0.05$ 方差齐次，$P<0.05$方差不齐）。统计结果中，差异显著性水平为（$\alpha=0.05$）。

第三节　研究结果

一、新疆卡拉奇卡拉麦里山保护区

（一）蒙古野驴食物组成及食性选择

植被样方测定结果表明，戈壁针茅、驼绒藜、角果藜、蒿、假木贼在蒙古野驴栖息地中占有较高的比例，其丰富度值较大。经粪便显微组织分析得出，戈壁针茅、驼绒藜、角果藜、蒿、假木贼等植物种类是蒙古野驴的主要食物成分（图4-1，图4-2）。依照所食植物种类的比

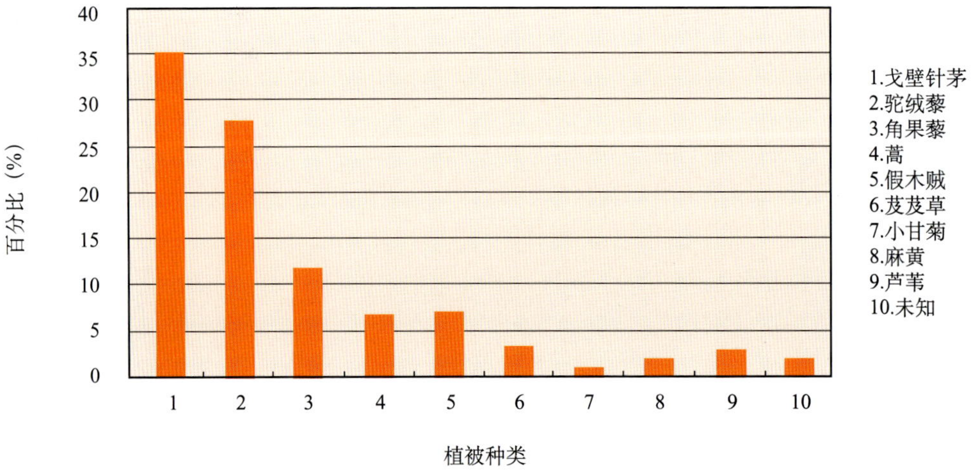

图4-1 夏季蒙古野驴的食物组成
Fig. 4-1 The food composition of Asiatic Wild Ass in summer

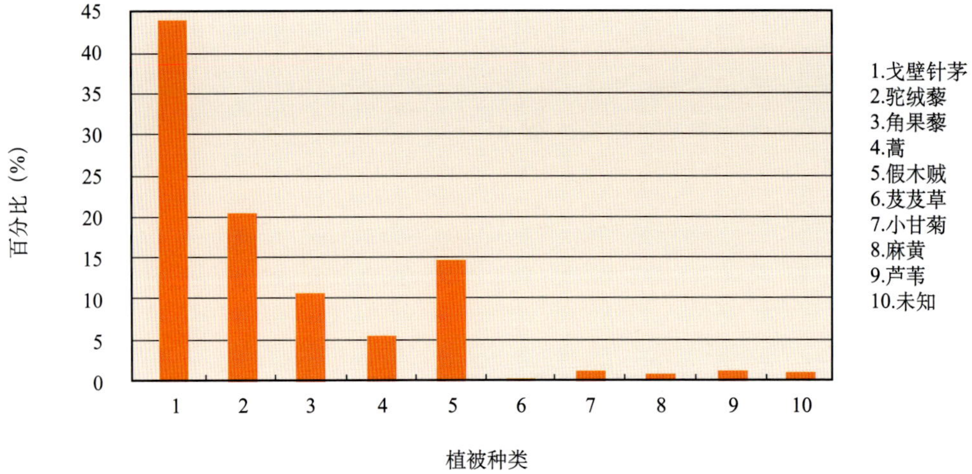

图4-2 秋季蒙古野驴的食物组成
Fig. 4-2 The food composition of Asiatic Wild Ass in Autumn

例，可以看出，在夏季，蒙古野驴的食物组成顺序依次为：戈壁针茅>驼绒藜>角果藜>假木贼>蒿，5种植物总共占到88.96%；在秋季，其食物组成顺序为：戈壁针茅>驼绒藜>假木贼>角果藜>蒿，总共占到97.35%。由此可见，蒙古野驴的食物组成在夏秋两季并未发生明显的变化，所不同的是，在秋季，戈壁针茅及干燥带刺的角果藜所占比例有所下降。

需要说明的是，由于卡拉麦里山保护区面积较大，植被分布范围广且分布稀疏，对于一些环境中所占比例不是很高的植物在本次调查的样方里并没有出现，或者比例太低，而在粪便显微分析时出现，比如：芨芨草、小甘菊、麻黄、芦苇（表4-1，4-2）。

比较食源植物在栖息地和粪便内出现的比例，得出蒙古野驴对主要食源植物的选择系数

表4-1 蒙古野驴夏季食物组成
Tab. 4-1 The food composition of Asiatic Wild Ass in summer

植物种类	在粪便中所占比例r（%）	在环境中所占比例p（%）	选择系数K
戈壁针茅 *Stipa gobica*	35.41	24.95	0.1733
驼绒藜 *Ceratoides lateens*	27.76	16.58	0.2521
角果藜 *Ceratocarpus arenaria*	11.90	3.92	0.5044
蒿 *Artemisia* spp.	6.80	11.91	−0.2731
假木贼 *Anabasis brevifolia*	7.09	42.63	−0.7148
芨芨草 *Achnatherum splendens*	3.40	/	/
小甘菊 *Cansrinia diacoidea*	0.85	/	/
麻黄 *Ephedra prezewalskii*	1.98	/	/
芦苇 *Phragmitis communis*	2.83	/	/
未 知	1.98	/	/

表4-2 蒙古野驴秋季食物组成
Tab. 4-2 The Food composition of Asiatic Wild Ass in autumn

植物种类	在粪便中所占比例r（%）	在环境中所占比例p（%）	选择系数K
戈壁针茅 *Stipa gobica*	44.74	16.6	0.4588
驼绒藜 *Ceratoides lateens*	20.83	19.37	0.0363
角果藜 *Ceratocarpus arenaria*	10.75	16.12	−0.1999
蒿 *Artemisia* spp.	5.48	39.38	−0.7557
假木贼 *Anabasis brevifolia*	14.7	8.54	0.2651
芨芨草 *Achnatherum splendens*	0.22	/	/
猪毛菜 *Salsola* spp.	0.88	/	/
小甘菊 *Cansrinia diacoidea*	0.66	/	/
麻黄 *Ephedra prezewalskii*	0.88	/	/
芦苇 *Phragmitis communis*	0.88	/	/
未 知	/	/	/

（表4-1，4-2）。结果表明，蒙古野驴于夏秋季节对食源植物表现出一定的选择性，但选择性不是很强。在夏季，除角果藜外，在秋季，除假木贼外，一般而言，在栖息地内具有较高丰富度的植物，也是野驴取食的主要植物种类。

（二）蒙古野驴食物组成季节性差异显著性检验

由表4-3可看出，蒙古野驴在夏季与秋季的食物组成上没有显著差异（$p>0.05$）。据我们观察，在这两个季节野驴喜食的植物在环境中的含量并没有明显的变化相关（表4-3）。

表4-3 蒙古野驴在不同季节食物组成的X^2检验

Tab. 4-3 The X^2 -test of food composition of Asiatic Wild Ass in different season

植物种类 Floristic	夏季 Summer	秋季 Season	X^2
戈壁针茅 *Stipa gobica*	35.41	44.74	1.0861
驼绒藜 *Ceratoides lateens*	27.76	20.83	0.9883
角果藜 *Ceratocarpus arenaria*	11.90	10.75	0.0584
蒿 *Artemisia* spp.	6.80	5.84	0.0729
假木贼 *Anabasis brevifolia*	7.09	14.70	2.6577
芨芨草 *Achnatherum splendens*	3.40	0.22	2.7935
猪毛菜 *Salsola* spp.	0.00	0.88	0.8800
小甘菊 *Cansrinia diacoidea*	0.85	0.66	0.1239
麻黄 *Ephedra prezewalskii*	1.98	0.88	0.4230
芦苇 *Phragmitis communis*	2.83	0.88	1.0249
合　计			10.0088

二、内蒙古分布区

（一）内蒙古分布区蒙古野驴食物组成

通过粪便显微分析得出，蒙古野驴全年共取食植物15科28属31种。其中，禾本科（Gramineae）植物所占比例最大，占57.67%，藜科（Chenopodiaceae）植物（11.83%）、柽柳科（Tamaricaceae）（9.59%）、豆科（Leguminosae）（7.59%）、蔷薇科（Rosaceae）（3.27%）、菊科（Compositae）（3.11%）和百合科（Liliaceae）（2.50%）所占比例也较高，其他植物占4.44%（图4-3）。

蒙古野驴4个季节的食物组成中，禾本科植物所占比例最高，其中冬季占53.68%，春季占59.71%，夏季占72.33%，秋季占46.47%；柽柳科、藜科、豆科和蔷薇科植物所占比例也较高；其他植物所占比例较低，各个季节的总量仅在10%左右（图4-4至图4-7）。

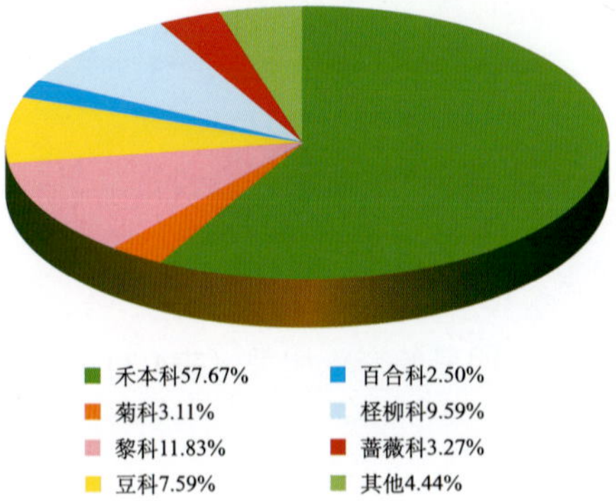

图4-3 蒙古野驴的全年食物组成
Fig.4-3 The food composition of Asiatic Wild Ass

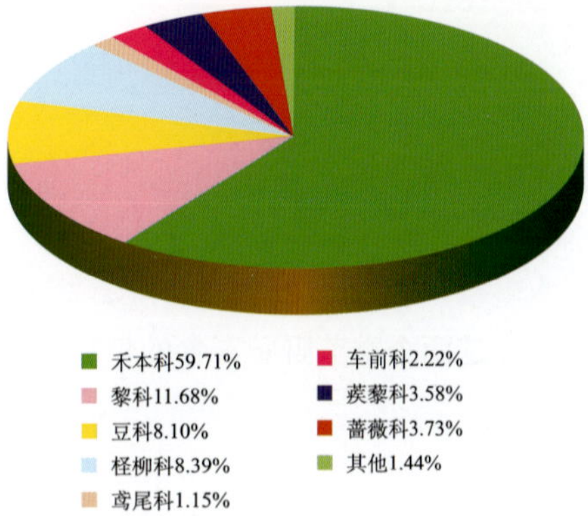

图4-4 蒙古野驴春季的食物组成
Fig.4-4 The food composition of Asiatic wild Ass in spring

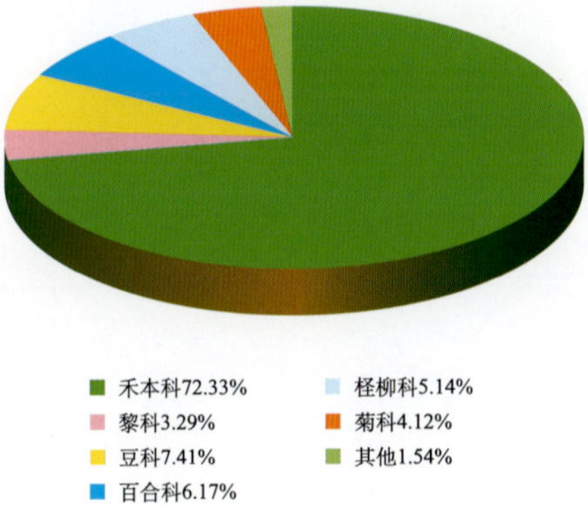

图4-5 蒙古野驴夏季的食物组成
Fig.4-5 The food composition of Asiatic wild Ass in summer mmer

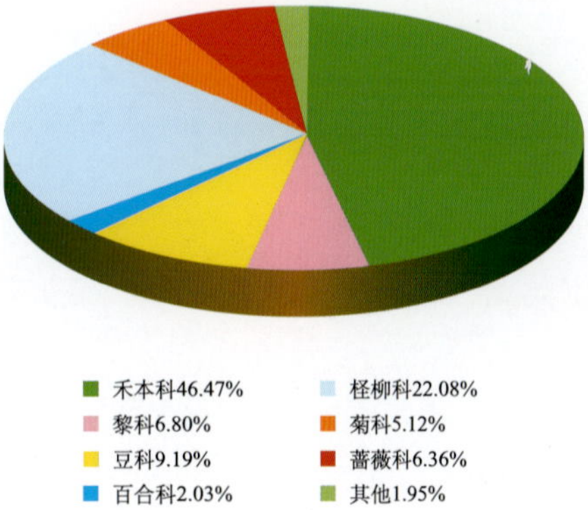

图4-6 蒙古野驴秋季的食物组成
Fig.4-6 The food composition of Asiatic wild Ass in autumn

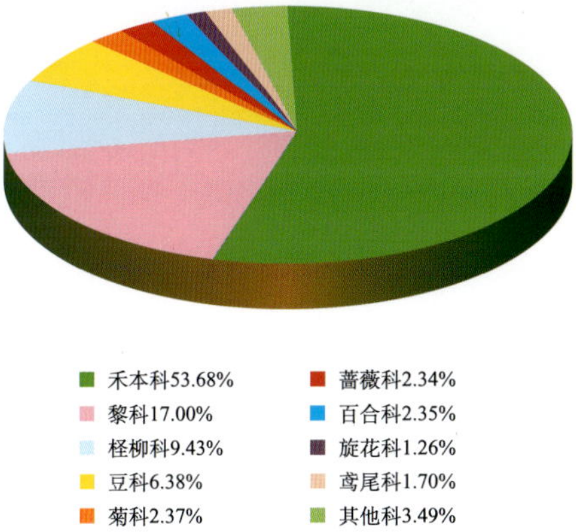

图4-7 蒙古野驴冬季的食物组成
Fig.4-7 The food composition of Asiatic wild Ass in winter

（二）蒙古野驴食物组成季节性变化

蒙古野驴所取食的植物中，克氏针茅所占比例最高，4个季节所占的比例均超过了20%，春季所占比例最高，达到了34.46%；芨芨草、画眉草、糙隐子草、狗尾草、珍珠猪毛菜、狭叶锦鸡儿和红沙所占比例也较高。

在SPSS 13.0中，采用单因素方差分析检验食物组成季节变化的差异性，并做了任意2个季节间的多重比较，结果显示食物组成季节间的变化不存在显著差异。

由表4-4可知，蒙古野驴的食物组成在4个季节间的差异性不显著（$P>0.05$）；蒙古野驴的食物组成在任何两个季节间都不存在显著差异性（$P>0.05$）。

表4-4 蒙古野驴不同季节的食物组成t检验

Tab. 4-4 The t-test of food composition of Asiatic Wild Ass in different season

季节间的比较	均　值	标准误	结果（*P*）
春季—冬季	1.52052	1.74045	0.385
春季—夏季	0.00012	1.92406	1.000
春季—秋季	0.01429	1.90045	0.994
夏季—秋季	1.52040	1.76620	0.392
秋季—冬季	1.50624	1.74045	0.389

蒙古野驴共取食15科31种植物。春季共取食9科20种植物，禾本科为主（59.71%），藜科次之（11.68%），柽柳科（8.39%）和豆科（8.10%）所占比例也较大（图4-4）。夏季共取食9科20种植物，禾本科植物占有绝对优势（72.33%），其他植物所占比例相对较小（百分比小于10.00）（图4-5）。秋季共取食10科21种植物，禾本科植物（34.79%）和柽柳科植物（16.53%）所占比例较大（图4-6）。蒙古野驴冬季共取食15科31种植物。在蒙古野驴的食物组成中，禾本科植物（53.68%）、藜科植物（17.00%）、柽柳科植物（9.43%）、豆科植物（6.38%）所占比例较高，其他科植物所占比例较小（图4-7）。

禾本科植物是蒙古野驴的主要食物，蒙古野驴对禾本科植物的采食高峰出现在夏季，占72.33%，其他季节所占的比例也明显较其他植物高（46.47%～59.71%）；蒙古野驴对藜科植物的采食高峰出现在冬季，占17.00%，春季所占比例也较高（11.68%）；蒙古野驴对柽柳科植物的取食高峰出现在秋季，占22.08%，其他季节所占比例变化不大（5.14%～9.43%）；蒙古野驴采食的豆科植物所占比例在4个季节间的变化不明显（6.38%～9.19%）；蒙古野驴食蔷薇科植物的频次较低（0.53%～4.76%），夏季仅占0.53%，其他季3个季节间的变化不明显；蒙古野驴采食其他植物的比例始终在10%左右（图4-8）。

冬季蒙古野驴取食植物种类较多（15科20种），秋季取食植物种类也较多（10科21种），春、夏两季取食植物种类较少（9科20种）。

在蒙古野驴的栖息地内共采集到20科44种植物，蒙古野驴取食其中的31种植物，其他14种植物未发现被采食：草麻黄（*Epheedra sinica*）、列当（*Orobanchaceae coerulescens*）、沙苁蓉（*Ciseanche sinensis*）、中亚滨藜、北芸香（*Haplophyllum dauricum*）、沙木蓼（*Atraphaxis*

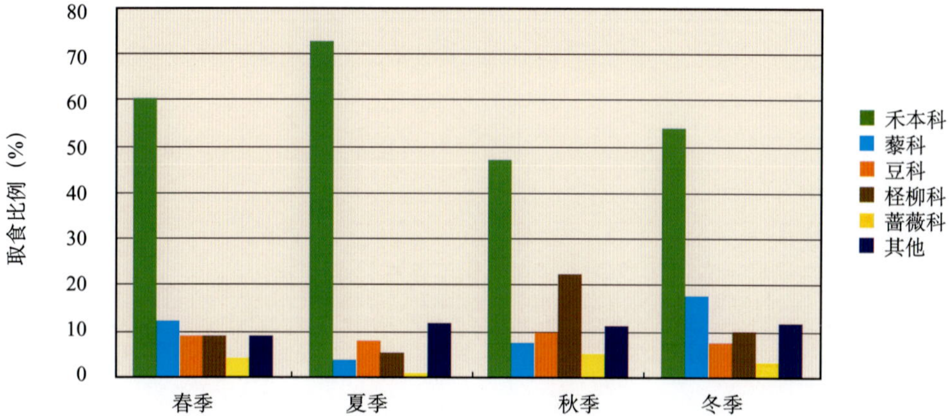

图4-8 蒙古野驴食物组成的季节变化
Fig. 4-8 The change of food composition of Asiatic wild Ass in different season

bracteata）、沙茴香（*Ferula bungeana kitag*）、达乌里胡枝子（*Lespadezadavurica*）、四合木（*Tetratna mongolica*）、匍根骆驼蓬（*Peganum nigeuastrum*）、长叶红沙（*Reaumuria trigyna*）、罂粟（*Nudicaulevar nudicaule*）、黄花蒿（*Areemisia annua*）。

在蒙古野驴所采食的植物中，禾本科的克氏针茅、芨芨草、画眉草、糙隐子草、狗尾草，藜科的珍珠猪毛菜，豆科的狭叶锦鸡儿，柽柳科的红沙在4个季节的食物组成中所占的比例均较高；其他植物所占比例较小。

蒙古野驴春季取食的植物中，克氏针茅（34.46%）、芨芨草（14.23%）、狗尾草（9.01%）、画眉草（7.83%）、红沙（7.05%）所占百分比较高；夏季取食的植物中，克氏针茅（25.05%）、画眉草（15.28%）、糙隐子草（11.32%）、芨芨草（8.04%）、红沙（6.99%）所占比例较高；秋季取食的植物中，克氏针茅（22.93%）、芨芨草（13.07%）、红沙（15.90%）、狭叶锦鸡儿（9.76%）和画眉草（7.22%）所占百分比较高；冬季所取食的植物中，克氏针茅（24.38%）、芨芨草（15.11%）、珍珠猪毛菜（9.92%）、红沙（9.64%）、狗尾草（6.97%）、盐爪爪（5.53%）、糙隐子草（5.10%）所占比例较高（表4-5）

表4-5 蒙古野驴的食物组成及其季节变化
Tab. 4-5 The change of food composition of Asiatic Wild Ass in different season

植物种类	野外观察	占植物百分比（%）			
		2005年		2005～2006年	
		春季4～5月	夏季6～8月	秋季9～10月	冬季11月至翌年3月
一、禾本科 Gramineae					
1 克氏针茅 *Stipa krylovii*	+	34.46	25.05	22.93	24.38
2 芨芨草 *Achnatherum splendens*	+	14.23	8.04	13.07	15.11
3 画眉草 *Eragrostis pilosa*	+	7.83	15.28	7.22	3.32
4 糙隐子草 *Deistogenes squarrosa*	–	4.70	11.32	1.85	5.10
5 狗尾草 *Setaria viridis*	–	9.01	2.04	6.24	6.97

（续）

植物种类	野外观察	占植物百分比（%）			
		2005年		2005～2006年	
		春季4～5月	夏季6～8月	秋季9～10月	冬季11月至翌年3月
二、菊科 Compositae					
6 阿尔泰狗哇花 *Heteropappus altaicus*	−	T	T	T	T
7 冷蒿 *Artemisia frigida*	+	T	1.86		T
8 蓍装亚菊 *Ajania achilleoides*	−	T		T	T
9 叉枝鸦葱 *Scorzonera divaricata*	+	T		4.20	T
10 蓟 *Cirsium japonicum*	+				T
三、藜科 Chenopodiaceae					
11 珍珠猪毛菜 *Salsola passerina*	+	4.57	1.67	6.44	9.92
12 展苞猪毛菜 *Salsola ikonnikovii*	+	T			T
13 雾滨藜 *BAssia dasyphylla*	−	4.05	3.46	T	T
14 盐爪爪 *Kalidium foliatum*	+	T	2.66	T	5.53
四、豆科 Leguminosae					
15 狭叶锦鸡儿 *Caragana stenophylla*	+	4.18	6.56	9.76	3.65
16 荒漠锦鸡儿 *Caragana roborovsky*	+	1.17	T		1.66
17 草木樨状黄芪 *Astagalus melilotoides*	−	3.66	T		1.01
18 刺叶柄棘豆 *Oxytropis aciphylla*	+			T	T
五、百合科 Liliaceae					
19 碱韭 *Allium polyrhizum*	+	T	3.40	T	1.46
20 蒙古韭 *Allium mongolicum*	+			1.07	T
21 戈壁天门冬 *Asparagus gobicus*	−		T	T	T
六、柽柳科 Tamaricaceae					
22 红沙 *Reaumuria soongorica*	+	7.05	6.99	15.90	9.64
七、唇形科 Labiatae					
23 冬青叶兔唇花 *Lagochilus ilicifolius*	−	T		T	T
八、芸香科 Rutaceae					
24 针枝芸香*Halophyllum tragacanthoidos*	−				T
九、旋花科 Convolvulaceae					
25 银灰旋花 *Convalvulus ammannii*	+		T	T	1.26
十、鸢尾科 Iridaceae					
26 大苞鸢尾 *Iris bungei*	+	2.09			1.70
十一、牛儿苗科 Geraniaceae					
27 牛儿苗 *Erodium stephanianum*	−	T			T

（续）

植物种类	野外观察	占植物百分比（%）			
		2005年		2005～2006年	
		春季4～5月	夏季6～8月	秋季9～10月	冬季11月至翌年3月
十二、大戟科 Euphorbiaceae					
28 地锦 *Euphorbia humifusa*	－				T
十三、车前科 Plantaginaceae					
29 条叶车前 *Plantago lessingii*	－			T	T
十四、蒺藜科 Zygophyllaceae					
30 白刺 *Nitraria tangutorum*	＋		3.09		T
十五、蔷薇科 Rosaceae					
31 二裂委陵菜 *Potentilla bifurca*	＋		3.53	7.02	2.63

T表示某种植物在全部取食植物中所占的比例（%）；
M－ 月间平均值；
+表示观测到啃食痕迹；
-表示未见到啃食痕迹。

（三）蒙古野驴主要取食植物的营养成分

1．蒙古野驴主要取食植物冬季和夏季营养成分含量

蒙古野驴主要采食植物的地上部分，有时也刨食植物的根。笔者模拟蒙古野驴啃食模式，分别采集冬季和夏季的克氏针茅、芨芨草、画眉草、糙隐子草、狗尾草、珍珠猪毛菜、狭叶锦鸡儿、红沙等8种蒙古野驴食物组成中所占比例较高的植物进行了营养成分测定。

由表4-6可知，蒙古野驴冬季经常取食的几种植物中，半干物质水分含量最高的是珍珠

表4-6 内蒙地区蒙古野驴冬季采食植物的物质成分含量

Tab. 4-6 The element content of Food composition of Asiatic Wild Ass at winter in Inner Mongolia

植物种类	半干样中水分含量	成份百分比含量（%）						
		2005～2006年					总 能(GE) kJ/Kg	无氮浸出物(NFE)
		粗蛋白(CP)	粗脂肪(CFa)	粗纤维(CF)	粗灰分(CA)	磷(P)		
1 克氏针茅	7.24	7.96	6.89	43.15	6.89	0.32	29001	27.87
2 芨芨草	5.76	6.32	10.69	39.78	6.21	0.40	23105	31.24
3 画眉草	7.36	7.13	8.98	29.14	6.75	0.24	25648	40.64
4 糙隐子草	6.98	8.44	7.91	28.46	7.54	0.19	31247	40.67
5 狗尾草	7.16	6.65	8.71	37.89	7.83	0.11	27167	31.76
6 珍珠猪毛菜	7.58	9.15	8.56	20.13	27.32	0.22	41461	27.26
7 狭叶锦鸡儿	6.27	9.00	8.42	33.76	5.53	0.52	36843	37.02
8 红沙	7.34	8.87	7.58	18.24	17.20	0.31	36178	40.77

猪毛菜，占半干物质的7.58%，含量最低的为芨芨草5.76%；粗蛋白含量最高的是珍珠猪毛菜，粗蛋白含量为9.15%，狭叶锦鸡儿的粗蛋白含量也较高为9.00%，红沙和糙隐子草粗蛋白含量也较高，含量分别为8.87%和8.44%，含量最低的是芨芨草6.32%；粗脂肪含量较高的是芨芨草，含量为10.69%，含量最低的是克氏针茅6.98%；粗纤维含量较高的植物有克氏针茅、芨芨草和狗尾草，含量分别为43.15%、39.78%和37.89%，含量最低的是红沙18.24%。粗纤维含量与粗蛋白含量有一定的负相关关系，粗蛋白含量较高的植物粗纤维含量一般较低，如珍珠猪毛菜、糙隐子草、红沙等；珍珠猪毛菜的粗灰分含量最高为27.32%，红沙的粗灰分含量也较高为17.20%，明显高于其他植物，其他植物粗灰分含量相差不大，均在

10.00%以下，含量最低的是狭叶锦鸡儿5.53%；P的含量均较低，小于1.00%；总能值最高的是珍珠猪毛菜，能量值为41461 kJ/kg，狭叶锦鸡儿、红沙的能量值也较高，分别为36843 kJ/kg、 36178 kJ/kg ，总能值最低的是芨芨草23105 kJ/kg，可见藜科植物和豆科植物能量值较高；无氮浸出物较高的是糙隐子和草画眉草，含量值为41.67%和40.64%，最少的是珍珠猪毛菜含量值为27.26%。

由表4-7可知，蒙古野驴夏季经常取食植物中：半干物质水分含量最多的是珍珠猪毛菜，占半干物质的7.99%，较其他植物高，含量最低的为芨芨草6.54%；粗蛋白含量最高的是珍珠猪毛菜，粗蛋白含量为14.47%，狭叶锦鸡儿、糙隐子草和红沙的粗蛋白含量也较高，分别为11.65%、10.61%和10.33%，含量最低的是芨芨草7.85%；粗脂肪含量较高的是芨芨草含量为11.07%，其他植物的含量均小于10.00%，含量最低的是红沙7.63%；粗纤维含量较高的植物有芨芨草、克氏针茅和狗尾草，含量分别为37.42%、33.54%和32.56，含量最低的是红沙15.43%；粗灰分含量最高的是珍珠猪毛菜为30.19%，红沙的粗灰分含量也较高为19.09%，明显高于其他植物，其他植物粗灰分含量相差不大，均在10.00%以下，含量最低的是狭叶锦鸡

表4-7 内蒙地区蒙古野驴夏季采食植物的物质成分含量

Tab. 4-7 The element content of Food of Asiatic Wild Ass at summer in Inner Mongolia

植物种类	半干样中水分含量	占植物百分比（%）						
		2005～2006年					总 能 (GE) kJ/Kg	无氮浸出物 (NFE)
		粗蛋白 (CP)	粗脂肪 (CFa)	粗纤维 (CF)	粗灰分 (CA)	磷 (P)		
1 克氏针茅	7.53	9.89	8.75	33.45	7.68	0.38	28919	32.38
2 芨芨草	6.54	7.85	11.07	37.42	6.88	0.45	22955	29.84
3 画眉草	7.51	8.36	8.69	26.49	7.26	0.29	25444	40.81
4 糙隐子草	7.48	10.61	7.67	24.65	8.12	0.17	31025	41.28
5 狗尾草	7.74	8.71	8.96	32.56	8.22	0.25	26954	33.70
6 珍珠猪毛菜	7.99	14.47	8.69	17.83	30.19	0.30	41223	20.61
7 狭叶锦鸡儿	6.67	11.65	8.35	30.52	6.25	0.59	36604	36.04
8 红沙	7.62	10.33	7.63	15.43	19.09	0.39	35902	39.59

儿6.25%；P的含量均较低，小于1.00%；总能值最高的是珍珠猪毛菜，能量值为41223kJ/kg，狭叶锦鸡儿、红沙的能量值也较高分别为36604kJ/kg 、35902 kJ/kg ，总能值最低的是芨芨草22955kJ/kg；无氮浸出物较高的是糙隐子和草画眉草，含量值为41.28%和40.81%，最少的是珍珠猪毛菜含量值为20.61%。

2．蒙古野驴冬、夏两季主要取食植物营养成分的差异性检验

在SPSS 13.0中建立数据库，采用独立样本t检验，对蒙古野驴冬夏两季主要取食的8种植物的营养成分进行差异性检验。由表4-8，表4-9可知冬、夏季植物的半干物质含水量、粗蛋白含量、粗纤维含量、磷含量、总能量值、无氮浸出物均存在极显著差异（$P<0.01$），冬季的含量较夏季低；冬、夏季植物粗灰分含量存在显著差异（$0.01<P<0.05$），表现为冬季植物的粗灰分较夏季低；冬、夏季植物粗脂肪含量差异不显著（$P>0.05$）。

表4-8 蒙古野驴冬夏食物营养含量t检验

Tab. 4-8 The t -test of element content food of Asiatic Wild Ass in summer and winter

	平均值	标准差	T值	df	Sig（2–tailed）
水（H_2O）	–0.42375	0.19690	–6.087	7	0.000
粗蛋白（CP）	–2.29375	1.30370	–4.976	7	0.002
粗脂肪（CFa）	–2.5875	0.68628	–1.066	7	0.322
粗纤维（CF）	4.02500	2.49817	4.557	7	0.003
粗灰分（CA）	–1.05250	0.86907	–3.425	7	0.011
磷（P）	0.06375	0.04438	4.063	7	0.005
总能（GE）	203.00000	60.66536	9.465	7	0.000
无氮浸出物（NEF）	0.37250	3.20557	0.329	7	0.752

表4-9 蒙古野驴冬夏两季食物营养成分

Tab. 4-9 The element of food of Asiatic Wild Ass

均 值	水（H_2O）	粗蛋白（CP）	粗脂肪（CFa）	粗纤维（CF）	粗灰分（CA）	磷（P）	总 能（GE）	无氮浸出物（NFE）
冬 季	6.96	7.94	8.47	31.31	10.66	0.35	31331.25	34.65
夏 季	7.38	10.23	8.73	27.29	11.71	0.29	31128.25	34.28

3．蒙古野驴主要取食植物的营养贡献

由表4-10可知，珍珠猪毛菜在冬季食物组成中所占比例也较大，对蒙古野驴冬季食物中的粗蛋白和总能贡献最大；狭叶锦鸡儿和红沙在冬季食物组成中所占比例也较大，营养贡献也较大；克氏针茅和芨芨草粗蛋白和总能值虽不是很高，但在冬季食物组成中所占比例最大，营养贡献也较大；画眉草、糙隐子草、狗尾草在冬季食物组成中比例相对较低，粗蛋白和总能值也较低，故营养贡献较小。被蒙古野驴采食的主要植物的营养贡献大小的次序不存在季节差异。

表4-10 主要被取食植物对蒙古野驴食物营养质量的贡献
Tab. 4-10 Alimentation proffered by mostly food of plants for Asiatic Wild Ass

植物种类	粗蛋白（CP）	总能（GE）
克氏针茅	7.96	29001
芨芨草	6.32	23105
画眉草	7.13	25648
糙隐子草	8.44	31247
狗尾草	6.65	27167
珍珠猪毛菜	9.15	41461
狭叶锦鸡儿	9.00	36843
红沙	8.87	36178

第四节　讨论

一、食物适应性分析

比较新疆和内蒙古中西部野驴食物组成，在两个相互完全隔离的分布区中，蒙古野驴食物谱宽度可以说明，蒙古野驴既可以适应典型草原植被类型，也可以适应荒漠和半荒漠草原的生存环境，说明栖息环境中低质食物是蒙古野驴的主要食源，野驴依赖于处理大量的低质量食物来维持生命。研究表明，马科动物在低质量食物条件下的存活能力显示出恶劣的栖息环境对它们的生存几乎没有什么影响，这使得马科动物对环境中草料质量的变化相对不敏感。这样的话，人们认为“正常的”环境季节变动对马科动物的影响极小。这就使得人们认为马科动物能超越食物的低度极限、栖息地的严重退化，蒙古野驴种群中个体的大批死亡乃至整个系统的崩

溃归因于过度放牧（Garrott et al，1992；Saltz，2001），但是几乎没有研究和经验数据支持这个假说。马科动物不能反刍以及循环利用尿素，这使得这类动物的食物中蛋白质含量是个制约因素。即便如此，针茅等优质食物在内蒙古中西部草原和西部卡拉麦里保护区仍然占有一定比例。总体而言，蒙古野驴具有较强的适应性。

二、取食对策分析

从卡拉麦里山保护区蒙古野驴食性分析可知，蒙古野驴对食源植物未表现出很强的选择性，一般取食栖息地内丰富度较高的植物种类，说明蒙古野驴在生存环境首先需要满足其能量和营养的基本需求。从取食行为所占的时间也可以证明，蒙古野驴取食时间较长，因而采取相对泛化的取食对策，可以认为这是由于蒙古野驴体型较大，生活环境中食物的丰富度极低而导致的活命和生存的基本营养需求行为。

三、与家畜的食物资源竞争分析

从蒙古野驴食性分析可知，无论在何季节，蒙古野驴均取食栖息地内丰富度较高及营养成分较高的植物种类。无疑，这些植物种类也是家畜的主要食物来源，且反刍类的羊和牛等物种可耐受低质的植物，它们的食物资源谱可涵盖蒙古野驴的食物谱。由此，导致家畜与蒙古野驴的食物资源竞争。

Chapter 5

第五章 蒙古野驴行为学研究

第一节 有蹄类行为及行为时间分配研究概述

行为（Behavior）一词应用在行为学中是广义的，它是指运动的方式、发声和动物的体姿及所有外部可识别的变化。这些变化可以用来相互交流，从而引起另一动物释放出另一种行为方式，包括颜色的变化或气味的释放等。动物在一定环境条件下，为了完成摄食、排遗、体温调节、生存繁殖以及满足个体其他生理需求，以一定的姿势完成的一系列动作均属行为的范畴。行为包括3个要素：姿势、动作和环境。

野生动物的行为学研究有两种方式，一种是对人工饲养条件动物行为的研究，另一种是在野生状态下进行的行为学研究。依据研究方法的不同，动物行为学研究可分实验行为学研究和描述行为学研究2种。实验行为学研究现在主要用于对饲养条件下的动物进行行为学研究，如WAsser （1993）通过增减笼养条件下狒狒（*Papio cynocephalus cynocephalus*）日粮中的粗纤维发现，增加粗纤维含量对粪样中雌激素的分泌率有负效应。描述行为学研究已广泛的应用于包括人工饲养和野生状态下野生动物行为学研究的各个层面。

就有蹄类动物而言，行为学研究报道很多，包括行为节律、活动的时间分配、迁移、集群、繁殖等许多方面。郭延蜀（2003）研究了梅花鹿的昼间行为时间分配及活动节律，对影响动物行为节律的因素进行了分析。郭松涛等（2003）对天山盘羊秋季集群习性和日活动节律做了观察研究，结果发现前后群体的大小差异极其显著。李春旺、蒋志刚等（2001）进行了麋鹿吼叫行为、序位等级的研究，认为雄性麋鹿的吼叫行为与其序位等级密切相关，序位等级决定了雄性参与繁殖的机会。王力军等（2005）研究了海南坡鹿幼体在不同饲养条件下的春季昼间行为时间分配及活动节律，结果发现圈养和半散养状态下海南坡鹿幼体行为时间分配存在显著差异。George B Schaller 等（2006）在新疆昆仑山西部，对藏羚羊（*Pantholops hodgsonii*）雌性种群的迁徙行为和产仔行为进行了研究，指出引起藏羚羊繁殖迁徙的主要原因可能是躲避捕食者和人类活动的干扰。

王墨清等（1991）对人工饲养的普氏野马的行为习性做了研究报道。Houpt和Boyd（1994）报道了普氏野马母马发情行为并对发情母马的面部表情进行了描述。关于普氏野马涉及动物园收集、散放和重引入项目方面的研究很活跃。在半自然区、野生动物公园、动物园、博物馆和实验室正在或已进行了包括通讯系统、饮水行为、寄生虫传染、排粪行为、摄食行为、时间分配、社群结构以及涉及父权的交配对策等内容的研究（IUCN，2002）。

有关野生马科动物行为学的报道较少，研究主要是描述性的。有学者对蒙古野驴的领域行为（Bannikov，1958；Solomatin，1973；Rashek，1973）和领域保卫（Klingel，1977）社群形式做过描述。Shah（1993）描述了印度野驴的领域行为，认为雄性印度野驴有季节性和年周期的领域。对蒙古的蒙古野驴（Feh，1994；2001）和以色列再引入的西亚野驴与中亚野驴的杂交种（Saltz和Rubenstein，1996）的两个研究中，描述了雄驴保护领地的行为。

在蒙古国的戈壁国家公园，Bannikov（1958）和Feh（1994；2001）对蒙古野驴的社群行为研究后指出，蒙古野驴的社群行为和普氏野马十分相似。Feh（1994；2001）描述了一头雄驴和数头雌驴以及几头幼驴组成家庭，集群在水源地和放牧地之间移动的现象。

研究动物的行为有助于我们更好地了解动物的习性，协调人与自然的关系，促进人类对珍稀濒危物种的保护。现代分子遗传学研究发现，随着灵长类动物进化水平的迁升，其“单拷贝DNA”与人类共享的成分，从蜂猴（*Nycticebus coucang*）的75%增加到黑猩猩（*Pan troglodyts*）的98.5%。因此，从人类的近亲——非人灵长类行为生态学研究入手，在观察者可能的条件下，逼近人类行为的生物学问题是明智的（赵其昆，1999）。在珍稀濒危动物迁地保护、人工繁殖、再引入以及控制有害生物等方面，动物行为学研究具有十分重要的意义。

第二节　研究区自然概况

研究地点在内蒙古自治区包头市达尔罕茂明安联合旗中蒙边境地区（41° 50′～42° 27′ N，106° 15′～108° 00′ E）和内蒙古自治区巴彦淖尔市乌拉特梭梭林—蒙古野驴国家级自然保护区（44° 36′～46° 00′ N，88° 30′～90° 03′ E）。研究区域属内蒙古自治区中西部，地处北半球中纬度地区，欧亚大陆腹地，蒙古高原南部，海拔1000～1500m；受北温带气候和北冰洋冷空气的影响，在气候上属中温带大陆性干旱气候。冬季寒冷漫长，夏季酷热短暂，日照长，昼夜温差大，春季干旱少雨，秋季温凉。年平均气温6～8℃，极端最高气温可达41℃，极端最低气温可达－34.3℃：年降水量100～150mm，蒸发量超过2800mm。属于典型的干旱、半干旱荒漠和山地景观。植被特点是自西向东呈小乔木荒漠向丛生矮禾草、矮半灌木草原过渡的类型。该地区西部优势植物有梭梭、白刺、盐爪爪和沙蒿等，中部至东部则以柠条、沙生针茅、蒙古葱、芨芨草等为优势物种。主要灾害性天气有：干旱、风害、寒潮、低温、干热风等，干旱以天然草场受灾严重，风害发生在冬春两季，对该区内野生动物和牲畜越冬以及迁移转场影响较大。

草原围栏已将当地的草原完全分割成以家庭为单位的小块，牧民的牛羊常常与蒙古野驴在同一草原围栏中取食，潜在的食物竞争已表面化。草原围栏对蒙古野驴的迁移活动具有一定影响，但围栏的高度尚不能完全阻隔蒙古野驴的日常活动，在野外观察时发现蒙古野驴常跨越草原围栏。

第三节 研究时间及对象

一、研究时间

2005年3月至2006年6月期间，对蒙古野驴进行了行为学观察。野外观察分为两个阶段，第一阶段（2005年3～4月）为预观察期，每月7d共14d用于野外寻找蒙古野驴，观察者主要是熟悉野驴活动区域环境和个体识别。通过预观察期的蒙古野驴主要昼间行为观察，构建了行为谱；第二阶段（2005年5月至2006年6月），每月观察7～10d时间，平均每天观察时间10.5h，每月开始观察的第一天和第二天用于野外寻找，确定观察对象，区分行为类别和个体识别，不做观察记录。另外，由于当地自然气候条件恶劣，春季大风、沙尘，冬季风雪均无法进行正常的野外观察，严酷的气候条件常常使正常进行的野外观察工作被迫中断，因此，恶劣气候条件下蒙古野驴的行为未列入观察记录，实际累计观察记录时间983 h。

在野外观察时，根据当地的日照长度和气候特点，冬春季（11月至翌年4月）日照时间短，每天8：00～16：00（北京时间，下同）为观察时间；夏秋季（5～10月）日照时间长，当地气候也较为适宜野外观察，观察时间为6：30～19：30。

二、研究对象

研究对象分别为第一阶段调查发现的8头（1♂、3♀和4幼或亚成体）、6头（1♂、3♀和2幼）和9头（1♂、4♀和4幼或亚成体）组成的3个蒙古野驴家族群。这3个族群长期在距离中蒙边境线约80km的水源点（42°16′08″ N，107°09′26″ E）周围活动。该水源长年有地表积水，是蒙古野驴的主要饮用水源，同时也是当地家畜的饮用水源。走访当地牧民得知，这些蒙古野驴家族群自2002年6～8月间开始在这一地区出现至现在，每年都有个体死亡，也有幼体出生，迄今3个家族群仍在这一地区生活。

由于观察对象是固定群体，且长时间野外观察，依据体型、体态、大小、成幼、体毛色泽和尾端毛长度对个体均能识别。

第四节 研究方法

蒙古野驴主要昼间行为研究中采用跟踪观察方法。在不惊扰蒙古野驴自由活动的前提下，研究者尽可能地接近它们，观察时研究者与目标蒙古野驴相距200～500m，并尽可能选择视野开阔且隐蔽条件相对较好的地方进行观察。野外观察时使用SWAROVSKI 60倍单筒望远镜，采用目标动物取样法（Focal-animal sampling methods）观察野驴的个体行为，采用随机取样法（Random sampling methods）记录行为频次和持续的时间。为观察晨昏时分蒙古野驴的行为，夏季不定期的安排在4：00开始或观察直到天黑21：00为止。

蒙古野驴防御行为研究中采用吉普车做样线调查，车辆行驶速度约为60km/h，发现动物时降低车速或停车观察。野外调查时采用目测估计的方法，对蒙古野驴开始出现预警反应时对车辆与动物之间的距离作出判断并记录。

野外观察时使用吉普车、摩托车、骑马或徒步方式接近目标。使用SWAROVSKI 60倍望远镜进行行为观察，采用瞬时扫描取样法，观察记录防御行为出现时群体与威胁源之间的距离及防御行为的类型，同时记录当时交通工具或步行者的运动速度。发现时蒙古野驴已处于快速逃跑之中以及与野驴突然相遇时不做警戒距离记录。野外观察时，发现蒙古野驴后均不做追赶，只进行观察和记录。

一、个体识别

由于观察对象是由少数个体组成的固定群体，个体识别依据体型、体态、大小、成幼、体毛色泽和尾端毛长度来区分，可准确识别到个体。

二、行为观察

具体观察方法是：采用扫描取样法（Scan sampling）对观察目标进行个体辨认，对其做连续5分钟的行为观察，记录该时间段内目标动物的各种行为及行为持续时间。

在观察期间，采用连续记录法（Continuum recording）即全部事件记录法，记录被观察个体的所有行为及其持续时间。在发情交配期，除记录交配个体的全部行为过程和持续时间，同时还记录群体中其他个体的行为和相对位置。

由于个体数量有限，易辨认，对一头观察完可立刻转入下一目标个体的观察，一轮观察结束后顺序不变进入下一轮观察，依此类推对野驴群中个体进行顺次观察。繁殖季节如见有发情交配现象，则停止对其他个体的扫描观察，用目标取样法对发情个体进行观察，同时记录两个体的各种行为及行为持续时间，直至此事件停止。此后，再转入对群中所有个体的扫描观察。

三、防御行为的观测

在寻找固定观察群体时，发现蒙古野驴的行为情形可分为以下4种类型。第一种是调查者

和蒙古野驴均在毫无准备的情况下突然相遇；第二种是调查者先发现蒙古野驴后以较为隐蔽的方式主动接近，如步行、逆风等方式；第三种也是比较普遍的情况，蒙古野驴先发现调查车辆或人，当调查者观察到蒙古野驴时，蒙古野驴已处于快速逃跑之中；第四种情况是野外调查者潜伏于水源点附近，蒙古野驴在水源周围观察或饮水时突然发现观察者。野外观察时，发现蒙古野驴后均不做追赶，只进行观察和记录。

四、数据处理

采用Excel 2003和SPSS 13.0 软件分析所获数据，在进行参数检验前，先用Kolmogorov-Smironov和F-max分别检验数据正态性和方差的均一性，经检验全部数据符合参数分析的条件后，对蒙古野驴昼间行为的时间分配进行差异显著性检验，显著性水平设置为$\alpha=0.05$。

数据处理时威胁源运动速度、警戒距离取平均值，所有的统计结果中，数值均表示为平均值±标准误(Mean±SE)。全部数据的统计分析借助Excel 2003和SPSS 13.0 软件完成，用独立样本t-test检验，对成体蒙古野驴昼间预警行为的时间分配进行雌雄差异显著性检验，显著性水平设置为$\alpha=0.05$。

第五节 蒙古野驴昼间行为研究

一、蒙古野驴行为谱

（一）行为谱的建立

行为是指动物在一定环境条件下，为了完成摄食、排遗、体温调节、生存繁殖以及其他个体生理需求而以一定的姿势完成的一系列动作，即能够识别全部变化和变化过程。行为有4个要素：姿势、动作、心理因素和环境。

经过长时间的野外观察分析，建立了蒙古野驴行为谱，依据各行为单元的功能特点分为取食、运动、站立凝视、卧息、争斗和其他六大类行为。对野外观察记录的综合分析，依据动物的体姿、动作、环境及其功能指向等，对蒙古野驴的行为进行了详细研究，发现蒙古野驴的六大类行为中，每一类均包括多种独立的行为单元，这是蒙古野驴昼间行为的结构单位，依此划分蒙古野驴昼间行为组成进而建立行为谱。

1．取食行为（Feeding behavior）

是指蒙古野驴获取食物并进行咀嚼和吞咽等的过程。取食可分为站立取食、走动取食和卧地取食3种行为方式。蒙古野驴取食时很机警，每隔30～50s便抬头一次，一边咀嚼、吞咽，一边环视四周。以观望、嗅闻和静听的方式处于警戒状态，若感觉有异常情况，如有人或车辆出现，会突然停止取食，以头颈高举、目光直视、耳向前竖立、频繁转动、尾紧收、身体做逃窜闪躲的姿态，以示警群体中的同伴。

取食行为（Feeding behavior）	行为定义/特征（Behavior defination/Charactenstics）
站立取食（ Feeding while standing）	原地站立不动，伸颈低头采食身体四周地面植物。多见于站立休息状态，具有偶尔出现，持续时间较短的特点
走动取食（Feeding while walking）	取食是在走动过程中完成的，动物一边缓慢走动，一边取食，这是蒙古野驴最常用的取食方式，约占取食行为方式的90%以上
卧地取食（Feeding while lying）	跪式卧息时，伸头取食身体周围植物的行为方式

2．运动行为（Moving behavior）

是指动物身体发生明显的位移，包括走动（Walking）、慢跑（Trotting）、奔跑（Running）等方式的躯体移动行为方式。

运动行为（Moving behavior）	行为定义/特征（Behavior defination/Charactenstics）
走动（Walking）	动物的四蹄运动节奏平稳，身体缓慢的移动的过程。这是蒙古野驴在无外界干扰情况下最常见的运动方式，走动时动物的颈、头与躯体平行，不超过肩部太多
慢跑（Trotting）	与走动相比，动物四蹄运动节奏明显加快，躯体出现小幅上下运动，身体向前位移速度加快，动物整体动作轻快，头颈明显高过肩部
奔跑（Galloping）	动物四蹄快速运动，常以出现四蹄同时离开地面为特征，躯体上下运动幅度较大，动物伸颈仰头，起身迅速位移

3．站立凝视行为（Standing and gazing behavior）

是指蒙古野驴站立时静止不动并向周围观望的行为。静止站立可能是蒙古野驴的一种休息方式，有时长达数十分钟。野外观察发现，大风雪和沙尘暴发生时，蒙古野驴头迎着风向站立；夏季中午酷热，站立时头指向太阳。站立时伴随有警戒观望现象。

4．卧息行为（Recumbency behavior）

是指蒙古野驴身体直接与地面接触侧卧

卧息行为（Recumbency behavior）	行为定义/特征（Behavior defination/Charactenstics）
侧卧（Side recumbency）	身体侧躺，四肢弯曲或平伸于身体一侧，身体向一侧躺卧的行为方式
爬卧（Climb-down for recumbency）	躯体腹卧，背向正上方，腹部与地面接触，四肢弯曲于腹部下方的行为方式
混合式卧息（Mix resting）	卧息的方式也有介于爬卧和侧卧中间的混合形式，即前肢弯曲呈现爬卧式，后肢伸直为侧卧式

或爬卧的休息方式，一般会选择地势较平的地方，夜晚的卧息点明显的呈凹形。其卧姿有2种形式。野外观察时发现，蒙古野驴常常多个体聚卧在一起，相距很近。

爬卧：身体腹部着地，四肢收于腹下，背向正上方，身体爬卧的行为方式。昼间观察时，爬卧行为很少发生。

5. 争斗行为（Combating behavior）

是指蒙古野驴群体中个体间以嘶咬、刨扒和踢的方式相互攻击的现象。争斗时常常造成个体的损伤，严重的导致个体死亡。在观察期间发现两头雄性野驴多次争斗，导致一头个体臀部大面积创伤，于2005年7月死亡。据当地牧民讲，死亡个体是这个野驴家族群进入该地区后出生的3岁个体。据观察，与之争斗的另一头野驴是这个家族群的头驴。

争斗行为（Combating behavior）	行为定义/特征（Behavior defination/Charactenstics）
威胁（Dermonstrateing）	当竞争对手出现或感觉有某种威胁存在时，蒙古野驴常常表现出顿蹄、吼叫、仰头打响鼻等行为方式，在威胁的同时可能还有向同伴示警的作用
驱逐（Banishing）	发生蒙古野驴雄性个体之间，为争夺领地、保护雌性及幼体驱赶其他外来成后雄性个体的行为方式，驱逐行为也发生在繁殖季节头驴驱逐家族群中3岁雄性亚成体。在繁殖季节这类行为发生的频率明显高于非繁殖季节
嘶咬（Worrying）	多发生在雄性个体之间，两个体双方嘶咬对方的头、颈、耳、背、腹、臀及四肢等部位的行为方式
刨（Foreleg kicking）	争斗双方相对站立，以后肢支持体重，两前肢同时抬起，身体直立，用前蹄刨击打对方的争斗方式
踢（Kicking）	发起攻击的个体以臀部对着对方，以两前肢支承体重，用后肢双蹄或单发动攻击的方式。这是攻击行为较为常见的方式

6. 其他行为（Other behavior）

是指排便（Defecating）、打滚（Wallowing）、饮水（Drink）、性行为（Sexual behavior）、警戒（Guard）以及玩耍（Playing）等行为。由于它们实际发生的次数很少，合并在一起记录。

其他行为（Other behavior）	行为定义/特征（Behavior defination/Charactenstics）
打滚（Wallowing）	动物侧卧于地面，身体在地面上来回滚动的行为方式，打滚时常常选择松软的沙质地面进行，清除体表寄生虫可能是打滚的重要功能之一
玩耍（Playing）	多见于蒙古野驴幼体撒欢、个体间追逐、相互嬉戏等一系列无明显目的和功能的行为动作
排便（Defecating and urinating）	指排粪和尿的行为
互相舔毛（Licking）	蒙古野驴相向交叉站立，舔舐对方颈部和背部的毛被。多见于春季换毛期间，野外还观察到蒙古野驴吞食舔舐下来体毛的现象
哺乳（Suckleing）	蒙古野驴母兽与幼体间授乳和食乳的行为
舔仔（Licking foal）	哺乳或休息时，雌驴舔舐幼仔身体现象。该行为发生频率随着幼体的长大逐渐减少
爬跨（Mounting）	交配前及交配过程中，雄性个体用单前肢搭在雌性背上或身体前半部爬在雌性背上，双前肢同时紧紧卡在雌性背腹的行为
交配（Copulating）	雌雄驴生殖器发生交接的行为，蒙古野驴的交配模式为腹背式

（二）讨论

动物体姿和动作的组合是动物对外部刺激的应答，也是动物个体之间传递信息的方式，具有明显的环境适应特征。动物心理状态的表达或者说动物的行为受到动物的心理因素影响，动物行为常常是在一定体姿基础上完成的一系列动作，动物行为除行为本身的功能外，还可作为信息传递的功能，如求偶（Courship）、威胁（Threat）、屈服（Submition）等行为过程。

不同的生态环境中，姿势与动作的结合，形成了各种各样的行为。动物的形态结构决定姿势和动作。动物行为则是动物与生态环境相互作用、动物个体之间信息传递的结果。姿势决定行为的体位、指向和目的，动作除决定行为的指向和目的外，还决定行为的强度和频次。不同的姿势、动作与环境因子相结合，形成了所见到的形形色色的动物行为。一种姿势与动作的组合在不同的环境中可以具有不同的功能，因此，动物所处的环境是决定动物行为的重要组成部分。通常可以按照动物行为的目的、结构来区分动物的行为。动物行为的多样性决定了动物适应生态环境的能力。

蒙古野驴是荒漠和半荒漠环境的典型物种，其行为特征可以看作是对生存环境适应方式的表现，行为在一定程度上代表着动物对环境变化的适应能力，特别是在人类活动强度不断加大，对自然环境影响不断增强的今天，进行珍稀濒危物种的行为学研究具有十分重要的现实意义。

二、蒙古野驴昼间主要活动节律研究

（一）昼间主要行为所占的时间比例

蒙古野驴昼间行为观察及统计表明，雌雄野驴昼间行为的时间分配（表5-1）依次为：取食v占昼间时间的51.43%，站立占24.74%、运动占14.97%、其他占4.57%、卧息占4.14%，最少者为争斗行为，仅占0.2%，而且只发生于雄性个体之间。可见，取食行为是蒙古野驴昼间最主要的个体行为。

蒙古野驴雌雄个体的主要行为时间分配显示（表5-1），雌雄蒙古野驴表现出较一致的变化规律，两性均将较多的时间用于取食。从每天平均时间分配统计结果的比较来看，雌性个体取食时间（5.53±2.05h）略多于雄性个体（5.26±1.87h）；而用于站立的时间，前者（2.49±0.84h）略少于后者（2.70±0.91h）。雌性站立开始的时间较雄性提前，结束的时间延迟；用于运动的时间，雌性（1.56±1.23h）与雄性（1.58±0.63h）相近；用于卧息的时间，雌性（0.53±1.02h）多于雄性（0.33±2.31h）。t检验表明，雌雄蒙古野驴在取食（P =0.725）、运动（P =0.862）、卧息（P =0.179）和站立凝视（P =0.757）的昼间时间分配上不存在显著差异，争斗（P =0.012）和其他（P =0.042）行为存在显著差异（表5-1）。

比较蒙古野驴夏秋季与冬春季昼间行为的日平均时间分配发现，每日雌雄个体行为规律表现大体一致，冬春季用于取食的时间（53.95%）多于夏秋季（48.92%）。在冬春季，两个取食高峰的间隔明显缩短，出现在上午的高峰时间推后，下午的高峰时间提前。中午11：00～14：00为蒙古野驴站立、卧息和其他行为发生的高峰期，没有明显的季节性变化。与夏秋季相比，在冬春季雌雄蒙古野驴都减少了运动和站立的时间，但卧息的时间略有增加。t检验表明，雌雄蒙古野驴昼间各种行为于冬春季的未表现出雌雄性别差异，在夏秋季，取食（P =0.633）、运动（P =0.439）、站立凝视（P =0.804）和其他（P =0.063）行为不存在显著差异，卧息（P =0.049）和争斗（P =0.015）行为存在显著差异（表5-1）。

表5-1 蒙古野驴昼间主要行为的时间分配

Tab. 5-1 Time budget of main behavior types of Wild Ass during the daytime

（%）

类 别	行为类别						样本大小（头）
	取 食	运 动	卧 息	站立凝视	争 斗	其 他	
雌性 ♀	52.70	14.90	5.02	23.78	0.00	3.61	4
雄性 ♂	49.94	15.04	3.26	25.71	0.37	5.54	4
p	0.725	0.862	0.179	0.757	0.012	0.042	
雌性冬春季	53.97	16.83	5.98	20.27	0.00	2.96	4
雄性冬春季	53.93	15.20	4.91	21.68	0.00	4.46	4
p	0.997	0.619	0.684	0.855		0.314	
雌性夏秋季	51.42	12.97	4.06	27.29	0.00	4.25	4
雄性夏秋季	46.42	14.88	1.61	29.73	0.73	6.62	4
p	0.633	0.439	0.049	0.804	0.015	0.063	

（二）蒙古野驴的昼间行为节律

蒙古野驴的昼间行为活动具有一定的规律性。总体而言，在7：00～10：00 和16：00～18：00有2个明显的取食高峰。在上午取食高峰结束后，蒙古野驴进入休息状态，直到下午的取食行为开始后结束休息。站立和卧息高峰在中午11：00～14：00出现，其他行为没有明显的峰值（图5-1至5-4）。

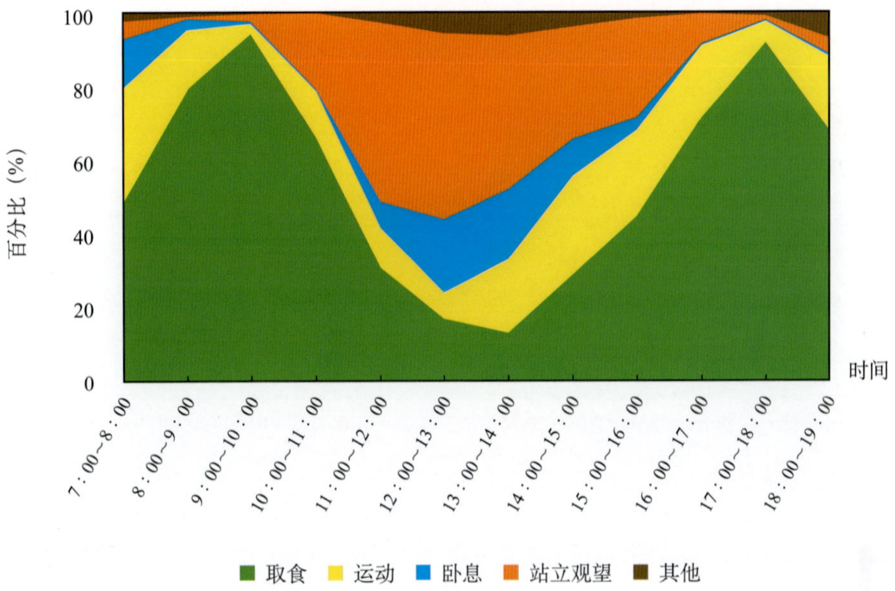

图5-1 冬春季（11月至翌年4月）雌性蒙古野驴昼间行为时间分配
Fig. 5-1 Time budget of day time behaviors of female Wild Ass during winter to next spring

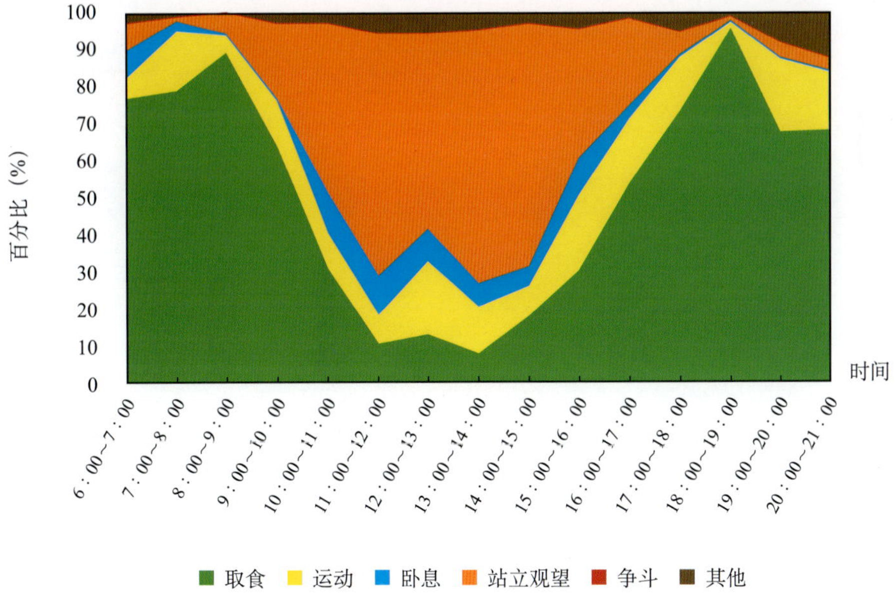

图5-2 夏秋季（5～10月）雌性蒙古野驴昼间行为时间分配
Fig. 5-2 Time budget of daytime behaviors of female Wild Ass during Summer and autumn

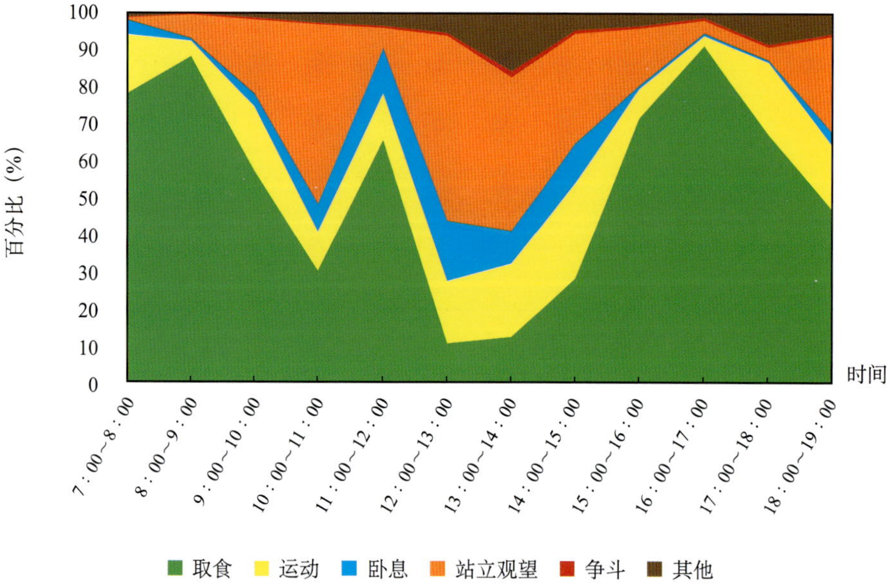

图5-3 冬春（11月至翌年4月）季雄性蒙古野驴昼间行为时间分配
Fig. 5-3 Time budget of daytime behaviors of male Wild Ass during winter to next spring

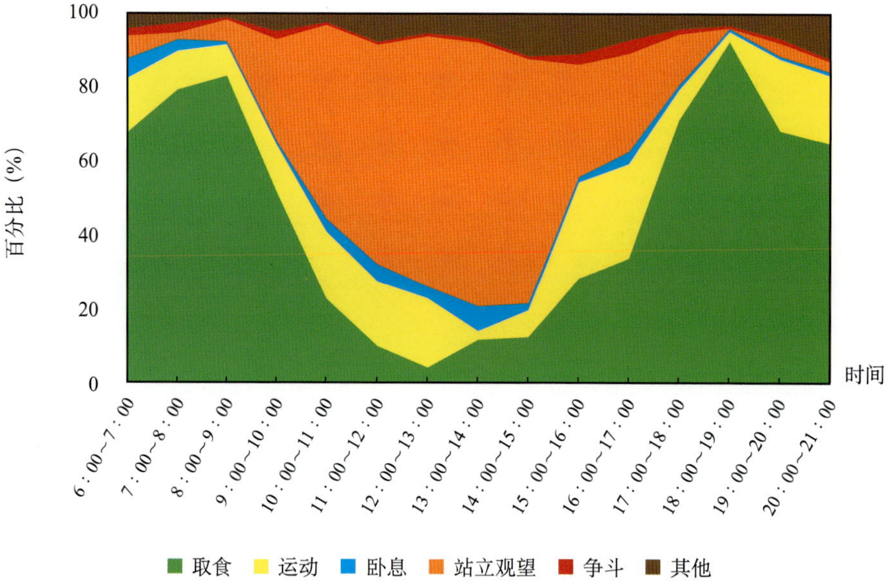

图5-4 夏秋（5~10月）季雄性蒙古野驴行为时间分配
Fig. 5-4 Time budget of daytime behaviors of male Wild Ass during summer and autumn

（三）讨论

从昼间行为时间分配来看，蒙古野驴将昼间超过50%的时间用于取食，可能与当地自然环境为蒙古高原南部干旱半荒漠草原区，植物生长期短，植被覆盖度低，蒙古野驴食源植物丰富度低、密度小，取食难度大、耗时多有关。

作为大型有蹄类动物，蒙古野驴与其他温带有蹄类动物具有相似的活动规律，在一天中有2个明显的取食高峰，它们都用大量的时间取食，而其他行为则仅占其行为时间分配的一小部分（Chen et al，1997；Glutton-Brock et al，1982；Green和Bear，1990；Guan和Coo，1999；Guo，2003；Guo et al，1993；Liu et al，1999，2001，2002；Moncorps et al，1997；Shi et al，2003）。Shi（2003）认为反刍动物通常呈现出一个“取食—休息—取食”的规律，但在24小时内并不平均分配。对于生活在温带地区的非反刍动物蒙古野驴而言，在春、夏和秋季的2个（晨昏）取食高峰可能是对这3个季节有相对充足的食物资源的一种适应，或者也是对这3个季节日照时间增加的一种适应。而到了冬季，蒙古野驴的取食行为所占时间比例则表现为持续时间较长、变化较小的特征。在岩羚羊（*Rupicapra pyrenaica*）（Bru和Lovari，1989）、非洲野牛（*Bison bonasus*）（Gabon-Raczynska et al，1987）、马鹿（Georgii，1981）、黄羊（Guan和Coo，1999），盘羊（Moncorps et al，1997）、山羊（*Capra hircus*）（Shi et al，2003）等许多温带有蹄类动物中也有这样的趋势。

有蹄类的活动规律是受自身能量需求、食物数量和质量的变化而变化的（Defler，1995；Green和Bear，1990；Moncorps et al，1997；Shi et al，2003）。在冬季，蒙古野驴取食的大部分植物的数量和质量都降到最低点，大风和积雪也增加了其能量的消耗（Liu et al，2004），这些因素都迫使蒙古野驴将昼间大部分时间用于取食。Sorensen和Taylor（1995）对不同性别、不同年龄的白尾鹿（*Odocoileus virginianus*）的研究也证实了这一结论。

对冬季取食时间增加，有3种解释：一种认为是由于在寒冷的冬季，用于调节体温的消耗增加所致（Moen，1973）；另一种则认为只是由于冬季植物的数量和质量降低，动物需要取食更多的食物来维持营养和能量摄入的平衡（Glutton-Brock et al，1982）；还有一种认为冬季食物的通过率和消化率降低是导致取食时间逐渐增加的根本原因（Rob-bins，1983）。

由于体型的差别，同一物种的雄性、雌性、亚成体和幼体的行为时间分配也可能会存在一定的差异（Bunnell和Gillingham，1985）。就取食行为所占时间比率而言，目前对有蹄类的研究得到了3种不同的结果：雄性少于雌性（Glutton-Brock et al，1982；Moncorps et al，1997）、雄性高于雌性（Gross et al，1995）、雌雄之间无显著差异（Liu et al，1999；2001；2002）。

蒙古野驴在冬春季取食时间明显长于夏秋季，可能与食物的丰富程度有关，蒙古野驴的栖息环境为荒漠和半荒漠草原，食物丰富度很低。在春季，环境食物的丰富程度是一年中最低的时期，此时动物取食难度加大，自然会增加取食时间。在冬春季，每日的两个取食高峰间隔缩短，与日照长度的变化相一致，再加上取食时间延长，动物在一天当中用于取食时间所占的比重显著增加，分配在其他行为方面的时间减少。

通常认为，动物行为的性别差异是由于基因和环境因素相互作用的结果，雄性动物体内基因是其具有争斗行为的内在基础，在个体发育过程中，蒙古野驴族群中的头驴对亚成体从不友好到攻击，促使雄性幼年动物身体内部发生的生理变化，进而形成外在的行为表现。在蒙古野驴族群中，唯一的成年雄性个体是族群的头驴，族群的警戒、报警、防御和逃跑均与其密切相关，再加上雄性个体间争斗行为用的时间，这是雄性个体分配在运动、争斗行为的时间明显多于雌性动物，是其用在其他方面的时间少于雌性动物主要原因。

在冬季严寒、春季沙尘暴发生及夏季中午酷热的时期，蒙古野驴采取站立的行为方式，与正常情况下的同一时间段内的行为方式不同。风雪和沙尘暴发生时，头迎着风向站立，从现象分析，这种方式可使动物风阻最小化，体表毛被方向与风向一至，在风雪和沙尘暴发生时，站立比卧地方式被雪和沙子埋掉的危险性小；夏季中午酷热时采用站立方式，可能与荒漠和半荒漠环境此时地表温度高有关，站立时动物头指向太阳方向的原因还有待于进一步研究。这个结果与陈立伟等（1997）对普氏原羚、Jarman等（1973）对黑斑羚（*Aepyceros melampus*）和Staines等（1976）对苏格兰马鹿（*Cervus elaphus*）的相关研究中得出的，在这类极端气候条件下，动物采用卧息的方式来应对的结果完全不同。

动物的行为时间分配和活动节律可以认为是其栖息地食物的可利用性、自然生态环境特征及物种的行为学特征的综合反映，蒙古野驴在自然环境条件下的昼间行为时间分配及活动节律的性别差异和季节性变化，可为现存蒙古野驴的保护和人工种群的建立提供参考依据。

三、蒙古野驴昼间行为的时间分配研究

（一）研究地点

研究地位于内蒙古自治区包头市达尔罕茂明安联合旗中蒙边境，地处北半球中纬度地区，欧亚大陆腹地，内蒙古高原南部，海拔1000～1500m；属中温带大陆性干旱气候。该地区西部优势植物有梭梭、白刺、盐爪爪和沙蒿等，中部至东部则以柠条、沙生针茅、蒙古葱和芨芨草等为优势物种。

（二）研究方法

2005年3月到2006年6月期间，每月用7～10d时间，对达尔罕茂明安联合旗中蒙边境地区蒙古野驴群体做观察研究，四季平均每天观察时间10.5h，累计观察时间近1000h。野外观察使用SWAROVSKI 60倍单筒望远镜，采用瞬时扫描取样法（Instantaneous scan sampling）进行取样，每15分钟对视野内的全部个体扫描一次进行个体识别，个体识别主要依据的大小、体态、体毛色泽和尾端毛长度来区分。将不同个体的行为类型记录在事先准备好的表格上。行为类型划分为取食（Feeding）、站立（Standing）、卧息（Lying）、运动（Moving）、争斗（Combat）和其他（Other）6类。

每次观察的头两天为预观察期，不做记录，主要时间用于行为类型的区分和个体的识别。对蒙古野驴的观察研究分冬春季和夏秋季两个阶段进行。冬春季日照时间短，每天8：00～16：00；夏秋季日照时间长，当地气候也较为适宜野外观察，观察时间为6：30～19：30。对蒙古野驴的跟踪观察，是在不惊扰蒙古野驴自由活动的前提下，尽可能地接近它们，观察时与蒙古野驴相距200～500m，在视野开阔又相对有隐蔽的地方，对8头蒙古野驴（4♂、4♀）进行观察，在观察期间一头3岁雄性于2005年7月因争斗受伤死亡。

为观察晨昏时分蒙古野驴的行为，夏季不定期的安排在（4：00）开始观察直到天黑（21：00），同时对于午间缺失数据也进行了补充观察。其间采用了目标动物取样法观察个体

行为的时间分配，随机取样法记录行为频次和持续的时间。

野外观察时将行为分为以下n种。

1．取食行为

指蒙古野驴啃食植物进行切割、咀嚼、湿润、吞咽等的过程。蒙古野驴取食时很机警，每隔30～50s便抬头一次，一边咀嚼、吞咽，一边环视四周。以观望、嗅闻和静听的方式处于警戒状态，若感觉有异常情况，如有人或车辆出现，会突然停止取食，以头颈高举、目光直视、耳向前竖立、频繁转动、尾紧收、身体做逃窜闪躲的姿态，来示警群体中的同伴。

2．运动行为

是指包括走动、慢跑、奔跑以及个体间的追逐等方式的躯体移动行为。

3．站立凝视行为

指蒙古野驴站立时静止不动并向周围观望，静止站立可持续较长时间，有时长达数十分钟，可能是蒙古野驴的一种休息方式。站立时伴随有警戒、观望现象。

4．卧息行为

指蒙古野驴的另一种休息方式。一天中花在躺卧的时间较少。一般会选择地势较平的地方；夜晚的卧息点明显的呈凹形。其卧姿有2种，一种是四肢盘于身体下静卧， 另一种是四肢伸直，身体向一侧躺卧。

5．争斗行为

指蒙古野驴群体中雄性个体间嘶咬、刨扒和踢的方式相互攻击的现象。争斗时常常造成个体的损伤，严重的导致个体死亡。

6．其他行为

指搔痒、修饰、排便、打滚和饮水以及幼体个体间的玩耍行为等。由于它们实际发生的次数很少，合并在一起记录。

（三）研究结果

1．昼间行为的时间分配

蒙古野驴昼间的活动具有一定的规律性，在7：00～10：00 和16：00～18：00有2个明显的取食高峰，取食是蒙古野驴昼间最主要的个体行为，为昼间行为的51.43%；其次是站立（24.74%）、运动（14.97%）、其他（4.57%）和卧息（4.14%），花时间最少的是争斗行为，仅为昼间观察时间的0.2%，而且只发生在雄性个体之间。在上午取食高峰结束后，蒙古野驴进入休息状态，直到下午的取食行为开始后结束。站立和卧息高峰在中午11：00～14：00出现，其他行为没有明显的高峰。

2. 性别差异

雌、雄蒙古野驴在行为时间分配的变化规律上是基本一致的，两性均将最多的时间用于取食，从每天平均时间分配统计结果的比较来看，蒙古野驴昼间6种行为在雌雄性别间差异较小，雌性个体花在取食的时间略多于雄性个体（♀5.53±2.05h；♂5.26±1.87h）；用于站立的时间雌性（♀2.49±0.84h）略少于雄性（♂2.70±0.91h），雌性站立开始的时间较雄性提前，结束的时间延迟；雌性花在运动的时间（♀1.56±1.23h）与雄性（♂1.58±0.63h）相近；雌性花在卧息的时间明显多于雄性（♀0.53±1.02h；♂0.33±2.31h）。

3. 季节变化

比较蒙古野驴夏秋季与冬春季昼间行为的日平均时间分配发现（表5-2），每日雌、雄个体行为规律表现大体一致，冬、春季用于取食的平均时间（53.95%）多于夏、秋季（48.92%）。在冬、春季，两个取食高峰的间隔明显缩短，出现在上午的高峰时间推后，下午的高峰时间提前。中午11：00～4：00为蒙古野驴站立、卧息和其他行为发生的高峰期，没有明显的季节性变化。与夏、秋季相比，在冬、春季雌雄蒙古野驴都减少了运动和站立的时间，但卧息的时间略有增加。

表5-2 蒙古野驴行为的日平均时间分配（占观察时间的百分率）

Tab. 5-2 Time contribution of Tibetan gazelle behavior during the daytime

（%）

类别	行为类别						样本大小（头）
	取食	运动	卧息	站立凝视	争斗	其他	
雌性冬春季	53.97	16.83	5.98	20.27	0.00	2.96	3
雌性夏秋季	51.42	12.97	4.06	27.29	0.00	4.25	3
雄性冬春季	53.93	15.20	4.91	21.68	0.07	4.46	4
雄性夏秋季	46.42	14.88	1.61	29.73	0.73	6.62	4

（四）讨论

蒙古野驴在一天中出现2个取食高峰，雌雄个体间无明显差异，上午的取食高峰出现在天亮后的1～3h之间，这可能是蒙古野驴一天中第一个取食活动，高峰出现在此取食过程的中段。下午的取食高峰持续到当地天黑前，由于观察工具的限制，天黑后无法观察到确切的活动方式。在月光下的观察发现，蒙古野驴天黑后并不马上进入休息状态，而是继续以正常取食时的活动节奏在运动，天黑后的取食可能持续一段时间，这与家养马科动物在夏秋季有夜间取食习性相一致。

成年雄性个体是蒙古野驴族群的头驴，族群的警戒、报警、防御和逃跑均与之密切相关，再加上雄性个体间争斗行为用的时间，雄性个体分配在运动、争斗行为的时间明显多于雌性个体，用在其他方面的时间少于雌性个体。

蒙古野驴在冬春季取食时间明显长于夏秋季，可能与食物的丰富程度有关。蒙古野驴的栖息环境为荒漠和半荒漠草原，食物丰富度很低，特别是在春季，环境食物的丰富程度是一年中最低的时期，取食难度加大，自然会增加取食时间。在冬、春季，每日的2个取食高峰间隔缩短，与日照长度的变化相一致，再加上取食时间延长，动物在一天当中用于取食时间所占的比重显著增加，分配在其他行为方面的时间明显地减少。

在观察中发现，蒙古野驴昼间活动节律与人类活动和天气状况有一定关系。在无惊扰的情况下，蒙古野驴夜间卧息在天亮时分结束；在人类活动频繁的区域，蒙古野驴早晨开始活动的时间会因受到惊扰而提前。人类的活动如牧业活动和机动车辆等，都会惊扰它们使之被迫离开夜间卧息地，它们的卧息行为就会提前终止。在冬季严寒、春季沙尘暴发生及夏季中午酷热的时期，蒙古野驴采取站立的行为方式，不同于正常情况下的同一时间段内的行为方式；而且，夏季中午酷热站立时头指向太阳，沙尘暴发生时，头迎着风向站立。这与国内学者对普氏原羚及国外学者对黑斑羚和苏格兰马鹿的行为研究得出的采用卧息方式（陈立伟等，1997；Jarman等，1973；Staines，1976）的结论完全不同。

第六节 蒙古野驴的警戒行为研究

蒙古野驴属马科（Equidae）马属*Equus*。列为我国一级重点保护野生动物。中国濒危动物红皮书将其濒危程度评定为濒危（E）（汪松，1998），被国际自然保护联盟（IUCN）出版的红皮书列为数据缺乏（DD）。蒙古野驴主要见于亚洲中部海拔800～2500m的荒漠、半荒漠和荒漠草原，曾经广泛分布于蒙古高原的典型草原和荒漠草原地区，是开阔景观环境中的代表性物种（Allen，1940；凤凌飞，1991；Wang et al，1997）。国内主要分布于新疆东北部及卡拉麦里山保护区（楚国忠等，1985）和内蒙古西起额济纳旗马鬃山，东至二连浩特市沿中蒙边境线的带状地区，这个带状区域宽30～50km。Wang 和Schaller（1996）调查时仅在巴彦淖尔盟东部发现在距中蒙边境100km的地区有少量的蒙古野驴个体。目前国内外对蒙古野驴的研究主要集中于分布、数量以及集群大小（楚国忠等，1985；高行宜等，1989；李春旺等，2002）；Klingel（1977）描述了分布于蒙古戈壁国家公园的一个小种群的群体结构。由于蒙古野驴生活于开阔草原，体型大，运动速度快，活动范围广，对人类的警惕性高，给行为学观察研究带来了较大困难。毕俊怀（2007）曾报道了蒙古野驴日活动时间分配。已有研究表明，人类活动直接或间接的对动物取食、繁殖、育幼、群体结构和通讯等行为产生影响（Phillips和Alldrege，2000；Steidl和Anthony，2000；Verhulst et al，2001）。一些研究者认为，人类活动是动物的视、听和嗅觉刺激，这些刺激与捕食风险相类似（Frid和Dill，2002；李春旺等，2006）。防御行为研究可为人类正确理解威胁蒙古野驴生存的主要因素提供必要的信息，为进一步加强物种保护和管理提供基础资料。

一、研究地点的自然概况

研究地点在内蒙古自治区包头市达尔罕茂明安联合旗中蒙边境地区和内蒙古自治区巴彦淖尔市乌拉特梭梭林—蒙古野驴国家级自然保护区。研究区域受北温带气候和北冰洋冷空气的影响，在气候上属中温带大陆性干旱气候；冬季寒冷漫长，夏季酷热短暂，日照长，昼夜温差大，春季干旱少雨，秋季温凉。

二、研究方法

2004年6～12月和2005年3～7月，累计58天，观察了达尔罕茂明安联合旗查干哈达苏木（乡），距离中蒙边境线约80km范围分布的蒙古野驴小群体的防御行为。这3个群分别由8头（1♂、3♀和4幼）、6头（1♂、3♀和2幼）和9头（1♂、4♀和4幼）蒙古野驴组成。据当地牧民讲，这3个小群是2002年6～8月开始在这一地区出现。由于观察对象是固定群体，且长时间野外观察，依据体型、体态、大小、成幼、体毛色泽和尾端毛长度可准确识别个体。

野外观察时使用吉普车、摩托车、骑马或徒步方式接近目标。使用SWAROVSKI 60倍望远镜进行行为观察，采用瞬时扫描取样法，观察记录防御行为出现时群体与威胁源之间的距离及防御行为的类型，同时记录当时交通工具或步行者的运动速度。发现时蒙古野驴已处于快速逃跑之中以及与野驴突然相遇不做警戒距离记录。野外观察时，发现蒙古野驴后均不做追赶，只进行观察和记录。

数据处理时威胁源运动速度、警戒距离取平均值，所有的统计结果中，数值均表示为平均值±标准误（Mean±SE）。全部数据的统计分析借助Excel 2003和SPSS 13.0 软件完成，用独立样本t-test检验，对成体蒙古野驴昼间预警行为的时间分配进行雌雄差异显著性检验，显著性水平设置为$\alpha=0.05$。

三、研究结果

（一）蒙古野驴的警戒行为模式

野外观察发现，蒙古野驴的警戒行为可分为警觉和发现、预警、矛盾（犹豫）、示威、逃跑、护幼、诱发和争斗8种方式，共观察记录到16种体姿。

1．警觉和发现行为

当感觉环境情况异常时观察和判断危险，并通过视、听、嗅的方式来确定危险的方向和种类的行为。野外观察时的表现是先站立不动，举头四下张望，一但发现目标进入警戒距离，迅速逃避。如果目标相距较远而且不动，会在继续先前活动的同时表现出抬头观望、转动耳廓静听和仰头抽鼻嗅闻。在野外观察时共记录到静听、嗅闻、观望3种体姿。

2．预警行为

是指当发现环境情况异常，感到附近有威胁因素存在时，向周围同伴个体发出危险警告信号的行为，其行为和体姿可分为警惕站立、打响鼻、运动示警和仰头示警4种类型。

3．试探行为

是指当调查者出现在水源附近时，前来饮水的个体表现出的警觉，试探性向水源短距离靠近而后突然逃跑、返回，而后再次试探性观望前进的行为。

4．示威行为

是指在发现危险存在时，跑出一段距离后，雄性头驴回头对着危险出现的方向，直颈举头，双耳后背，目光直视，突然冲向危险出现的方向，在短距离跑动后站立注视的行为。

5．逃跑行为

指发现危险后示警和逃跑的行为，其行为和体姿可分为聚集和逃跑2种类型。

6．护幼行为

群体中有哺乳期幼仔时，逃跑的母驴带着奔跑能力较弱的幼体，放慢逃跑的速度，母子紧紧相随，逃跑运动过程中，母驴在幼体与危险出现方向之间，为幼体提供保护的行为。

7．诱发行为

分散在一定区域中的蒙古野驴，当一个小群体发现危险开始逃跑时，附近群体受到感染也开始逃跑，而且参加逃跑的群体数量快速扩大的现象。

8．争斗行为

蒙古野驴群体中个体之间，特别是雄性个体间相互攻击的现象。其行为方式和体姿可分为撕咬、刨扒和踢打3种类型。

（二）不同干扰源的警戒距离

蒙古野驴对不同运动速度威胁源的警戒距离平均值差异非常大，对运动速度为55±6.7km/h的吉普车非常敏感，警戒距离为1734±110m（42次）；对运动速度为29±4.3km/h的摩托车次之，警戒距离为957±80m（15次）；对运动速度为15±3.8km/h的骑马者不太敏感，警戒距离为534±77m（12次）；对单独活动，步行速度为5±0.4km/h的观察者不敏感，警戒距离为268±62m（18次）；对静止不动的人极不敏感，在水源附近的观察者曾与其相距30±6m（7次），无示警和逃跑行为出现（图5-5）。

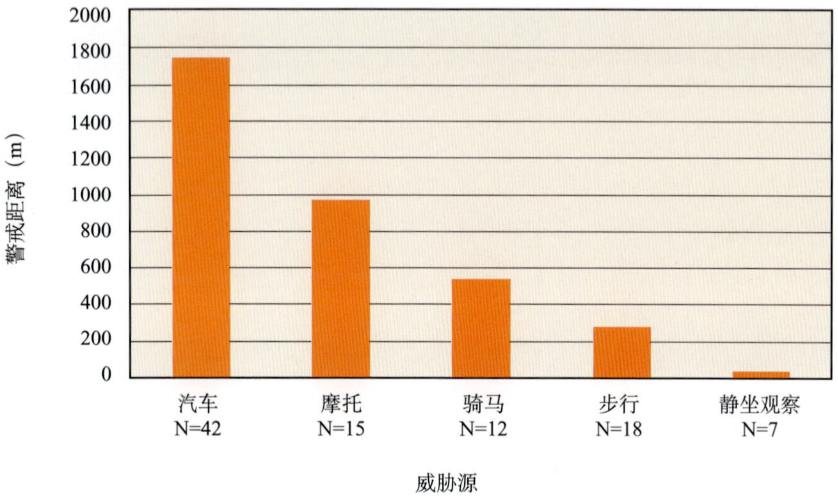

图5-5 蒙古野驴对不同威胁源的警戒距离
Fig. 5-5 Distances at which vigilance behavior was noted for different threats in Asiatic Wild Ass

蒙古野驴的警戒距离与威胁源运动速度呈正相关，警戒距离与威胁源运动速度之关系符合$\log S=\log A+\log X$的数学模型，式中S为警戒距离、X为威胁源运动速度、系数A在30到50之间，与蒙古野驴对静止不动观察者的警戒距离相同。

（三）雌雄警戒行为时间分配差异比较

对成体雌雄蒙古野驴昼间警觉防御行为时间分配进行统计分析，发现雄性用于警觉防御行为的时间分配明显高于雌性，利用T-test检验对雌雄蒙古野驴昼间警觉防御行为时间分配的差异进行分析，发现雄性用于警觉防御行为的时间分配明显高于雌性（t = −3.984，df =23，$P<0.05$），表明防御行为的时间分配性别差异极其显著（图5-6）。

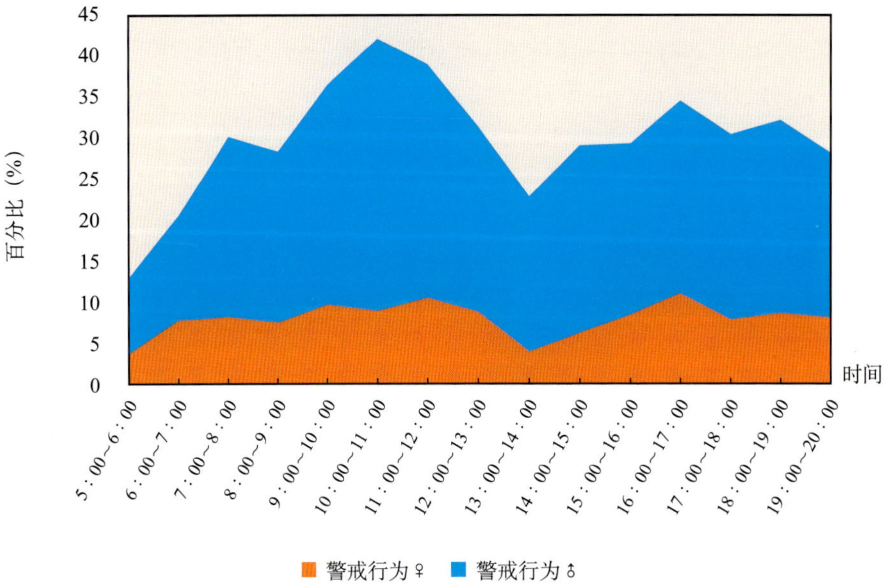

图5-6 雌雄蒙古野驴警觉防御行为时间分配
Fig. 5-6 Time allocated to vigilance and defensive behaviors of Asiatic Wild Ass

（四）致命的争斗行为

在一个连续观察的家族群中，从2005年4月中旬开始到7月上旬，头驴频繁追逐、嘶咬群体内3岁左右的雄性亚成体（9次），嘶咬的部位以颈、背、臀和鼠蹊部为多，5月上旬观察发现雄性亚成体臀部出现大面积的明显伤痕，并且已离群单独活动，于6月初发现这头亚成体的尸体。据当地牧民讲，这个族群已连续3年，每年都有一头雄性亚成体被头驴咬伤后死亡。观察时找到了2004年死亡亚成体的头骨。

（五）讨论

蒙古野驴对生存环境的长期适应形成了特有的警觉防御行为方式，视觉和嗅觉是发现环境情况异常的主要方式，不同于山地、森林动物如羚牛主要依赖听觉的方式（曾治高、宋延龄，1998）。以松散集群方式生活在蒙古高原干旱、半干旱草原的大型有蹄类动物，长期的进化和演化使动物对开阔环境产生了特有的适应，快速长距离奔跑是蒙古野驴防御和逃避天敌草原狼（*Canis lupus*）、猞猁（*Lynx lynx*）的有效方式（Feh et al，1994；2001）。在20世纪80年代后期兴起并在近年来快速发展的草原围栏，不仅使蒙古野驴的生存环境严重斑块化，而且使蒙古野驴快速奔跑的防御优势大打折扣，降低了野驴逃避敌害的能力。

高速运动的车辆，给动物视觉和听觉极其强烈的刺激，所产生的威胁类似于捕食风险。汽车、摩托车、骑马和步行对动物感官产生刺激的强度不同，运动速度、威胁源大小、噪声等均为不同性质的刺激，结合以往经历，蒙古野驴对不同运动速度威胁源警戒距离表现出明显的差异。野生动物将所有快速运动物体看作威胁，事实上，人类某些活动与捕食者的威胁性质相同。快速逃跑是生活在开阔环境中的有蹄类动物逃避猎人和敌害的有效方式，逃跑速度可认为是动物能否逃生的决定性因素，威胁源运动速度是对动物构成捕食威胁程度的标志，威胁程度与速度呈正相关。可以认为野驴对汽车的警戒距离最远，是因为汽车具有运动速度快、体积庞大这两个强烈刺激的合成作用。

少数家族群逃跑过程发出的声音和扬起的沙尘对其他群体是一种示警信号，能引发局部区

域中的所有蒙古野驴都奔跑起来，这是逃避天敌的有效方式。在秋季曾观察到集成200多头的逃跑群体。大群蒙古野驴同时快速奔跑的气势也会对敌害起到威胁作用，从而增加蒙古野驴个体存活下来的概率。

强烈而且明显的示警行为，使蒙古野驴将危险信号快速传递给群体中的其他个体，并作出快速逃跑反应，减少天敌对群体内个体的威胁，对物种的生存具有重要意义。蒙古野驴群体中的所有个体均具有通过发出声音、动作进行示警的行为。

马科动物具有强烈的争斗行为，蒙古野驴雄性个体无论成幼，皮肤上几乎都有损伤的痕迹，可见争斗行为的普遍性程度（Patricia D，2002）。大多数马科动物的性比都是雌性占多数，这主要是因为雄性之间的进攻导致雄性死亡率的上升（Berger，1983）。族群内部的强烈攻击行为，发生在雄性头驴与雄性亚成体之间，雄性个体在3岁左右将被逐出家族群。蒙古野驴的族群中只有一头成年雄性个体，族群中的雄性亚成体在性成熟前被赶出群体，这时雄性亚

成体有强烈的恋群行为表现，由于家族群中有亚成体的母亲，家族群又是其生长发育的摇篮，头驴很可能是亚成体的父亲。这可能是亚成体在被逐出后，还在族群周边活动，直到死亡后发现其尸体仍在家族群活动区域的原因。

第七节 蒙古野驴的防御行为研究

一、防御行为的类型

在野外观察中共记录到蒙古野驴的8类防御行为。

1．警觉和发现行为（Watchfulness and discover behavior）

当感觉环境情况异常时观察和判断危险，并通过视、听、嗅的方式来确定危险的方向和种类的行为。野外观察时的表现是先站立不动，举头四下张望，一但发现目标进入警戒距离，迅速逃避。如果目标相距较远而且不动，会在继续先前活动的同时表现出抬头观望、转动耳廓静听和仰头抽鼻嗅闻。在野外观察时共记录到静听、嗅闻、观望3种体姿和行为方式。

警觉和发现行为（Watchfulness and discover behavior）	行为定义/描述（Behavior defining/Describing）
静听（Listening）	指通过听觉辨别环境异常情况，判断声源方向、距离和性质的行为。其行为模式是动物停止走动、吃草等其他方式的运动，站立不动，在小幅摆动头的同时耳朵向不同方向转动，捕捉各种声响，对声源方向和性质作出判断
嗅闻（Sniffing）	是指通过嗅觉辨别环境异常情况的行为，表现为鼻翼扇动，做短浅呼吸，力图吸入更多的新鲜空气来加强辨别能力。一般与静听、观望行为同时出现或交替发生。行为模式表现为在仰头并向不同方向摆动的同时猛烈地抽动鼻子嗅闻
观望（Watching）	是指使用视觉辨别环境异常情况的行为，常与静听和嗅闻行为相伴随或交替发生。其行为表现模式是站立不动，停止其他活动，举头四望

2．预警行为（Alert behavior）

是指当发现环境情况异常，感到附近有威胁因素存在时，向周围同伴个体发出危险警告信号的行为，其行为和体姿可分为警惕站立、打响鼻、运动示警和仰头示警4种类型。

预警行为（Alert behavior）	行为定义/描述（Behavior defining/Describing）
警惕站立（Standing for alert）	以头颈高举，目光直视，耳向前竖立，频繁转动，尾紧收，身体做逃窜闪躲的姿态，示警群体同伴
打响鼻（Snorting）	头颈高举，头极度后仰，极短而猛烈地呼气，振动鼻翼发出特别的“噗”、“噗”声响
运动示警（Movement for guard）	当群体中的一个个体发现有危险存在时，突然四蹄蹦跳、转身逃跑，同时发出突然声响，向同伴示警
仰头示警（Head upward for alert）	群体中发现危险的个体或逃跑中的头驴以极度仰头、竖耳作为示警信号，当群体与危险之间超出警戒距离后，示警者才放下高仰的头，表示警报解除

3．试探行为（Feeling behavior）

是指当调查者出现在水源附近时，前来饮水的个体表现出的警觉，试探性向水源短距离靠

近而后突然逃跑、返回，而后再次试探性观望前进的行为。

4. 示威行为（Demonstrating behavior）

是指在发现危险存在时，跑出一段距离后，雄性头驴回头对着危险出现的方向，直颈举头，双耳后背，目光直视，突然冲向危险出现的方向，在短距离跑动后站立注视的行为。

5. 逃跑行为（Flee behavior）

指发现危险后示警和逃跑的行为，其行为和体姿表现可分为聚集和逃跑2种类型。

逃跑行为（Flee behavior）	行为定义/描述（Behavior defining/Describing）
聚集（Assemble）	在群体中有示警信号出现后，分散采食的个体全部停止取食，边观察边走动向一起聚集
逃跑（Fleeing）	是蒙古野驴躲避危险的主要行为方式，当危险突然出现时，蒙古野驴在雄性头驴的带领下迅速逃跑

6. 护幼行为（Shield foal behavior）

群体中有哺乳期幼仔时， 逃跑的母驴带着奔跑能力较弱的幼体，放慢逃跑的速度，母子紧紧相随，逃跑运动过程中，母驴在幼体与危险出现方向之间，为幼体提供保护的行为。

7. 诱发行为（Abduction behavior）

分散在一定区域中的蒙古野驴，当一个小群体发现危险开始逃跑时，附近群体受到感染也开始逃跑，而且参加逃跑的群体数量快速扩大的现象。

8. 争斗行为（Combat behavior ）

蒙古野驴群体中个体之间，特别是雄性个体间相互攻击的现象。其行为方式和体姿有嘶咬、刨扒和踢3种。

争斗行为（Combat behavior）	行为定义/描述（Behavior defining/Describing）
嘶咬（Worrying）	雄性头驴与外来入侵的成年雄性个体之间，相互嘶咬颈部、背部、臀部和鼠蹊部，以及雄性头驴对家族群内雄性亚成体进行攻击时的嘶咬，此时嘶咬没有固定位置
刨（Foreleg kicking）	雄性个体间用单只前蹄相互刨，或两头相互争斗的个体直立身体，用两只前蹄相互刨扒的体姿
踢（Kicking）	蒙古野驴使用单只或两只后蹄同时向后踢的行为

二、防御行为的特征

蒙古野驴生存环境多为开阔草原，视、听和嗅觉是蒙古野驴发现环境异常情况的主要感觉方式。观察共发现蒙古野驴72群次，记录到发现行为57次，其中静听行为33次，占57.9%；嗅闻行为6次，占10.5%；观望行为18次，占31.6%（表5-3）。

蒙古野驴的听觉很发达，使用吉普车寻找时，由于地形地貌的关系，当看到蒙古野驴时，车辆与动物之间相距已很近（19次），此时蒙古野驴无论是群体还是单独活动的个体，体姿均是头向着车来的方向，伸颈抬头，双耳直立向前，发现来车后，马上转头逃跑。在水源附近观察时发现，蒙古野驴饮水时，群体中每一个体均不时抬头四处张望，若环境中出现小的异常声响，并不立即逃走，而是全体成员都抬头竖耳，凝神静听，像是在判断异常声音是否构成威

表5-3 蒙古野驴的警戒距离与威胁源种类及运动速度

Tab. 5-3 Alert distances of Asiatic Wild Ass related to kind of menace and its speed

威胁源类型 Vehicle	速度1 (m/hr)	速度2 (m/sec)	警戒距离1 (m)	警戒距离2 (m)	接近时间1 (sec)	接近时间2 (sec)
汽车	60000	16.67	1500	2000	90	120
摩托	30000	8.33	800	1000	96	120
骑马	15000	4.17	500	600	120	144
行人	5000	1.40	200	500	144	357
静坐观察	0.00	0.00	30	50		

胁。一次借助隐蔽物潜伏观察时，边走边采食的蒙古野驴群接近到了距观察者不足20m 的时候，蒙古野驴可能听到了照相机的快门声，尽管它们看不到人，驴群却停止采食和慢步，进入警觉状态。

敏感发达的视觉器官，也是蒙古野驴发现环境异常的主要方式，在野外借助高倍望远镜观察到，观察者远在2000m以外，蒙古野驴就开始有举头观望行为出现（12次），此时蒙古野驴并不表现出逃跑行为。当徒步的观察者继续向驴群接近（8次）时，举头观望行为的频率和参加观望的个体数明显增加，并且加快向远离观察者方向的走动速度；当观察者原地不动或就地坐下进行观察时，驴群边走边吃并不时举头观望的行为节律，随着驴群与观察者的距离不断增加而明显减慢。

蒙古野驴的嗅觉也很灵敏，在水源附近采用挖坑的方式进行潜伏（6次）观察时发现，它们即使见不到人，也能通过嗅到的异常气味来判定危险的存在，而且顺风时（2次）发现潜伏者的距离明显大于逆风（4次）。蒙古野驴在发现了异常情况后，会立刻进入警觉状态，伸颈仰头、双耳直立前向以示警戒。当人突然与蒙古野驴遭遇或人逐渐接近蒙古野驴至800～1200m 左右时，最先发现异常情况的蒙古野驴个体会通过仰头竖耳或鼻腔发出声响，向群中的其他个体示警，示警者会突然四蹄蹦跳并伴随转身逃跑（8次）；此时群体中的其他个体会迅速逃跑，稍远处的其他蒙古野驴会进入警觉状态，向报警的蒙古野驴处张望，同时慢慢靠拢聚在一起，开始奔跑并加入逃跑的行列，有些群体是在发现别群体在奔逃情况的下，加入逃跑的行列。在秋季奔逃的参加者会迅速增加，其中聚集群体最大的一次为200～220头，是由许多分散的小群体在逃跑的过程聚集形成，在很短的时间内，几乎是所有的能够观察到的蒙古野驴都加入到了奔跑的行列（3次），远远望去，奔腾的驴群伴着扬起的砂尘在草原上形成了滚滚黄龙，非常壮观。在春、夏季，逃跑的蒙古野驴群表现出明显的分群现象。2005年3～5月，沿中蒙边境的调查中观察到蒙古野驴群28次，其中有19群在逃跑的过程中出现分散为小群四散奔逃的现象。

仰头竖耳是雄性头驴（33次）和单独活动雄性个体（5次）典型的示警行为方式，带头逃跑的头驴将此行为持续到危险解除为止。当逃跑的驴群与威胁源相距超过1500～2000m后（9次），举头示警并逃跑的头驴开始边跑边将高举着的头逐渐放低，同时奔跑的速度也随之明显减慢，群体的逃跑行为直到头驴的示警信号消失为止，奔逃的蒙古野驴群才会渐渐平静下来。雌性个体和亚成体以四蹄蹦跳、收尾突然转身逃跑的方式示警，哺乳期幼体的示警行为往往与玩耍行为相

混，不易区分，也不被成体重视。

蒙古野驴群体中的所有个体均有示警行为，并能将危险信号传递给群体内的其他成员。示警行为表现出明显的性别差异，对成体雌雄蒙古野驴昼间警戒行为时间分配进行统计比较分析，发现雄性警戒行为明显高于雌性，用t检验对雌雄蒙古野驴昼间警戒行为的差异进行分析，结果（P=0.0052）表明警戒行为的时间分配性别差异极其显著。

驴群在向水源靠近并且发现水源附近有观察者时（12次），与观察者相距小于 800m处开始表现出试探性前进的行为，驴群中某头雌性成体先向水源方向做短距离试探性靠进，而后突然转身逃跑，群体中的其他成员也马上进入警戒状态，随之做10～20m的短距离逃跑后停下来（7次），转过头来再次向水源方向运动，表现出试探性行为。

逃跑中的蒙古野驴群仍表现出较强的群体防御行为，当群体中有哺乳期的幼仔时，母蒙古野驴携带着幼仔一起跑。在逃跑时，群体由成年公蒙古野驴（头驴）带领，随后是亚成体，最后是带幼体的母驴和幼仔，母驴用自己的身体将幼仔档在危险出现的反方向，逃跑时母驴总是在危险与幼仔之间，由于幼仔运动速度慢，即使与群体有了明显的间隔，母驴也放慢速度，带

着幼体逃跑。

在野外观察时，观察者单独一人尾追一个有出生1个月左右幼体的驴群，雄性头驴在带头逃跑出一段距离后，转身低着头径直向尾追者冲来，短距离（50～80m）冲跑后站立仰头直视尾随者，示威行为表现的时间很短，接着跟随群体逃跑。之后又以相同方法做过两次试验，结果均观察到了这种示威行为。

种内争斗行为仅在繁殖、交配季节（4～7月）能观察到，雄性头驴频繁攻击家族群中的雄性亚成体，对外来雄性表现出非常强烈的攻击行为。头驴驱逐和攻击家族群周围出现的外来成年雄性个体。在家族群中，雄性头驴攻击驱逐接近3岁的雄性个体，这种攻击能导致被攻击的亚成体受伤乃至死亡。在一个连续观察2年的家族群中，2005年观察时发现，从4月中旬开始到7月上旬为止，头驴频繁追逐、嘶咬群体内3岁左右的雄性亚成体，嘶咬的部位以颈、背、臀和鼠蹊部为多，5月上旬观察发现雄性亚成体臀部出现大面积的明显伤痕，并且已离群单独活动，于6月初发现这头亚成体的尸体。

三、讨论

蒙古野驴是以松散集群方式生活在蒙古高原干旱、半干旱草原的大型有蹄类动物，长期的进化和演化使蒙古野驴对开阔环境产生了特有适应，快速长距离奔跑是蒙古野驴防御敌害的有效方式。快速奔跑是蒙古野驴能够逃避草原狼、猞猁危害的有效方式。但是，20世纪80年代后期兴起并在近年来快速发展的草原围栏不仅使蒙古野驴的生存环境严重斑块化，而且使蒙古野驴快速奔跑的优势大打折扣，降低其逃避敌害的能力。野外观察时分别在两个草原围栏的角上发现两头蒙古野驴的尸体，附近有狼粪，蒙古野驴尸体有明显被狼取食的痕迹。

野生动物将所有运动物体看作威胁，事实上，人类某些活动与捕食者的威胁性质相同，如人类的狩猎活动。高速运动的车辆，给动物视、听觉极其强烈的刺激，所产生的威胁类似与捕食风险。汽车、摩托车、骑马和步行对动物感官产生刺激的强度不同，运动速度、威胁源大小、噪声等均为不同性质的刺激，结合以往生存经历，使蒙古野驴对不同运动速度威胁源警戒距离表现出明显的差异。快速逃跑是生活在开阔环境中的有蹄类动物逃避敌害的有效方式，逃跑速度可认为是动物能否逃生的非常重要的决定性因素，威胁源运动速度是对动物构成捕食威

胁程度的标志，威胁程度与速度呈正相关。汽车的警戒距离最远，运动速度快、体积庞大是强烈威胁的两个方面。

少数家族群逃跑行为发出的声音和扬起的沙尘对其他群体是一种示警信号，能引发局部区域中的所有蒙古野驴都奔跑起来。这是逃避草原敌害的有效方式，在秋季观察到集成200多头的逃跑群体，大群蒙古野驴同时快速奔跑的气势也会对敌害起到威胁作用，从而增加自身存活的概率。

强烈而且明显的示警行为，使蒙古野驴可以将危险信号快速传递给群体中的其他个体，并作出快速逃跑反应，减少天敌对群体内个体的威胁，对物种的生存具有重要意义。蒙古野驴群体中的所有个体均具有通过发声音、动作进行示警的行为。驴群对成、幼个体发出的示警信号的反应存在着差异，成体和亚成体发出的示警信号会引发驴群迅速逃跑，哺乳期幼仔发出的示警信号往往只能引起警觉和观望行为，这可能是由于哺乳期幼体的玩耍行为与示警行为不易区分，其真实的示警行为不被群体中的其他成员重视。

马科动物具有强烈的争斗行为，蒙古野驴雄性个体无论成幼，皮肤上几乎都有损伤的痕迹，可见争斗行为的普遍性程度（Patricia，2002）。族群内部的强烈攻击行为，发生在雄性头驴与雄性亚成体之间，雄性个体在3岁左右将被逐出家族群。蒙古野驴的族群中只有一头成年雄性个体，族群中的雄性亚成体在性成熟前被赶出群体，这时雄性亚成体有强烈的恋群行为表现，由于家族群中有其母亲，家族群又是其生长发育的摇篮，头驴很可能是其父亲。亚成体在被逐出族群后，也在族群周边活动，直到死亡后发现其尸体仍在家族群活动的区域。

第八节　集群行为和集群类型

一、研究地点

内蒙古自治区巴彦淖尔市乌拉特梭梭林—蒙古野驴国家级自然保护区、包头市达尔汗茂明安联合旗北部中蒙边境地区。

新疆维吾尔自治区卡拉麦里山有蹄类自然保护区，位于准噶尔盆地东部。

二、研究方法

采用了样线法、样带法和定点观察法，分别对蒙古野驴进行了不同侧重点的观察研究。首先对蒙古野驴分布区进行了初步调查，了解蒙古野驴的生存状况，初步了解其分布特点和集群方式。2005年9～10月，在上述两个蒙古野驴分布区域内，遵循系统抽样原则，布设了9条样带，调查面积达2480km^2。2005年9～10月，在新疆卡拉麦里山保护区调查样线总长460km，调查总面积约1380km^2。具体调查时，采用开吉普车或骑摩托车的方式，以全球定位系统仪（GPS）定位、导航，用望远镜（8×30、60×80倍）协助观察，记录所见蒙古野驴的集群数、各群个体数、植被状况、海拔高度等数据。

2005～2008年，对内蒙古境内蒙古野驴经常活动的区域进行了多次专项调查，了解其取食活动规律，记录种群结构的数量、成幼、性别等情况。调查样线总长超过1800km，调查样带面积约为3600km^2。

蒙古野驴群定义为：个体之间的最大距离不超过80m，并且个体之间表现出协调一致的行为。蒙古野驴是非常机敏的动物，在不影响蒙古野驴正常活动（通常在相距500～1000m）的情况下，通过60×80倍望远镜对它们的活动特点进行观察。所能分辨出的蒙古野驴年龄类型有成体、亚成体和幼体3 类，其鉴别特征分别是：成体（约3龄以上）：个体相对较大，四肢修长，体背毛色为棕褐色至黄棕色；亚成体（1～3龄）：身体较小，体背毛色为深棕褐色，比成体毛色略深。幼体（1龄以下）：为当年出生个体，身体很小，十分单薄，不匀称，体背毛色也为深棕褐色，腹部白色不明显。

统计方法：数据处理时，将观察记录所得数据分别归类，采用Excel进行统计分析，对各种行为的差异显著性及相关性分析，使用SPSS 13.0软件包进行统计检验。

三、研究结果

2005年6～10月，在新疆卡拉麦里山保护区和内蒙古自治区巴彦淖尔市乌拉特梭梭林—蒙古野驴国家级自然保护区、包头市达尔汗茂明安联合旗北部中蒙边境地区。分别观察到11、47和19 群蒙古野驴，群体大小为50～204头，共计77 群341 头。除单个体外，集成2～8头的群体达77.19%，以9 头以上为一群的大群数较少，仅占9.11 %。所以分析为在哺乳期。蒙古野驴主要以2～8头的家族式小群体形式进行游牧生活，较少集成9 头以上的大群。

蒙古野驴的种群主要类型有2种，即单一的雄性群和混合群（雄性1头+雌性+幼仔）即家族群。另外还部单独活动的独驴，一般为雄性成体。雄性群约占总群数的28%，群体规模大小随季节有明显的变化，6～8月观察时常见的群体约为3～8头；但在10月之后，群体规模不断扩大，观察到的最大群体有35头。混合型家族群是蒙古野驴主要的集群方式，此类群体约占总群体数的68.33%，群体规模一般是由一头成年雄性和3～5头雌性成体及部分亚成体和幼体组成，群体大小约为8～18头。在6～8月，这样的家族群体相对分散，族群间保持相对较大的距离，族群雄性头驴常常圈逐自己族群的雌性个体，使群体保持相对集中和数量的稳定，并对外来雄性个体进行驱赶，同时也使族群间保持一定的间隔；同样在10月之后，家族群体间的距离开始发生变化，距离逐渐缩小，此时家族群的界线开始不明显，能观察到相互混群的现象，可认为是结成了松散的大群，野外观察记录到的群体为平均每群31头；在此期间，家族群不易区分，特别有较大的外来影响时，如有车辆在蒙古野驴集中分布区出现时，奔跑的蒙古野驴在很短的时间内能结成非常大的群体，在新疆卡拉麦里观察到的最大群体约有223头，其中76头幼仔。

除此之外，在6～8月，常见单独活动的个体，有31次看到单个体，其中21次是雄性个体，均为成年个体，单独活动、觅食。调查中发现雄性个体间的争斗行为可明显地分为2种：一种是已成为混合群头驴的成年雄性个体与外来成年雄性个体间的争斗，一般是以相互追逐、嘶咬、相对站立以前蹄对打和踢对方，将对手赶走争斗即结束，无实质性损伤。另一种是从已形成的混合型群体中逐出雄性亚成体，在此类争斗中，成体雄性头驴无论是体质、个体大小和势气均占绝对优势，所以争斗行为以趋逐和嘶咬为主，没有观察到相对站立对打的现象，但是有实质性损伤的现象发生，野外观察发现有一头约3岁雄性个体，在3周的时间内多次被咬伤背后部和尾基部，观察人员曾多次为伤者疗伤均未果，此个体在第一次被咬伤后33d死亡。另外还观察到一头2岁雄性亚成体，颈基部和肩部被其母亲所在群的头驴咬伤后赶出群体。12次观察到单个活动的雌性，由于该时期正处于产仔期，一些雌性个体还没有生产，处在临产期，它们需要脱离群体寻找较隐蔽的地方产仔。因此单独活动的个体是不稳定的类型，不可作为经常稳定的类型对待。

临时性混合群通常由母、仔和一头成年雄性组成的家族群与其他多个家族群混合相成，常常是汇合形成一个临时性的较大群体，大群持续时间很短，随着群体活动，几小时后又分裂成小群，或受到惊扰就会以原先的家族性小群各奔东西。混合群结成临时大群，可能与母仔之间

活动节律比较一致，有利于共同觅食和哺乳有关。同时集成较大的群体有利于共同御敌，可提高仔代存活率。在内蒙古的定点观察中发现蒙古野驴能每年产1胎，每胎产1仔，每年的6月20日至7月10日为产仔期，交配发生在产仔后2～5周。据当地牧民讲，交配的时间与当时的草原植物生长情况有关，在风调雨顺、草原植被较好的年份，交配时间与产仔时间的间隔较长。若当年干旱，草原植被不好时，交配与产仔的间隔时间很短。2005年在内蒙古的观察发现，产仔与交配的间隔仅为2周，当时内蒙古草原大旱。同时也证实了牧民所讲的情况。

在混合群的外围，总有数量不定的单独活动的雄性个体，它们在混合群周边活动，追随混合群不时引发争斗，对已取得头驴地位的个体构成实质性威胁。野外观察中发现，在两个混群周边共观察记录到单独活动的雄性个体6头，它们游荡在两个混群四周，既与混合群保持一定距离，又保持个体间接触。

四、讨论

社群行为对动物总是有利的，不管个体是否从集群成员中获得直接的利益，集群生活总是较少花费的。在蒙古野驴分布区，随着人口数量的快速增加，草原的负载量大大增加，同时为了增加生畜产量，大片的草地被人为圈住休养，这些均大大地降低了蒙古野驴的食物丰富度，并使食源呈斑块化分布。尽管资源丰富度本身并不影响集群大小，但是当丰富的食源明显萎缩或斑块化时，要保持足够的消费量，就必须扩散开去寻找新的食源，所以蒙古野驴过着游牧的社群生活。由于当地草地生物量不高，不适合呈大群的集结，所以蒙古野驴表现出小的社群形式。相比而言，与蒙古野驴同域分布的蒙古原羚能集成几百到几千头不等的群体，具有季节性长距离的迁移行为，两者差异明显；而普氏原羚的集群形式与蒙古野驴比较一致，多结集成几头到几十头的小群，它们有季节性迁移行为，但迁移距离相对较短。由于在产仔期，要临产的雌性常离开群体，去寻找比较隐蔽的地方生产，降低了混合型家族性群体的大小；而雄性正处在非交配期，相互间活动节律比较一致，种群内在的凝聚力（同类相互吸引和保持不散的能力）促使它们形成较大的群。动物由于其资源在空间和时间上的实用性差异促使其集群行为（包括大小和类型）的不同，蒙古野驴倾向于集成小群，加之蒙古野驴以一雄多雌及部分幼体和亚成结成家族群的方式为主要的集群结构，其他性成熟的雄性蒙古野驴多表现为各自独立或结为3～5只的小群体活动。

第六章 Chapter 6

蒙古野驴粪样生殖激素研究

第一节 野生动物粪样生殖激素研究概述

一、粪样生殖激素研究进展

长期以来，人类从野生动物身体直接取样进行实验分析研究，不仅取样难度大，而且对野生动物也是一种直接的侵扰和伤害，以动物的粪便作样本替代血样，在野生动物研究中是非常理想的。

性腺激素的研究是评估生殖生理状况的重要手段，性腺激素的分泌水平与动物自身的生殖生理状况具有密切的关系。早在20世纪50年代，就有人发现人的粪便中有雌激素，并用尿液替代血样进行生殖内分泌学研究（Sandberg AA，1957；Short RV，1961；Hopper BR，1967），并能通过放射免疫法进行测量。Mellin 等于1966年在牧场动物的胆汁和粪便中也发现了雌激素，以粪便中的雌二醇的浓度变化为来诊断家牛是否怀孕。在母马和母猪的粪便中雌二醇和孕酮用来做妊娠期诊断（Mostl，1984）。

目前，应用粪便中类固醇激素研究野生动物繁殖行为生态学已逐渐成为一种被广泛认可的方法。野生动物粪便样本分析，已在研究野生动物的领域行为（Putman，1984）、食性分析（Hobbs，1987；Johnny et al，1999）、消化动态（Jiang和Hudson，1988；裴艳新，2000）、痢疾与寄生虫（Memmott et al，2000）、种群数量和遗传结构（Altmann，1996；吴春花等，1997）、能量和物质流动（蒋志刚、夏武平，1987；Jiang，1992）等领域得到了广泛应用。

Hodges 于1979年用晨尿（06：00～08：00），首次对肌酐进行了检测分析。Shideler 于1983年对狮尾猴（*Macaca silenus*）的尿量、肌酐浓度、激素浓度以及激素浓度与肌酐相比值等指标的相关性进行研究，证明了这种方法的科学性。目前这一研究方法已得到普遍应用，如对黑猩猩（Hodges JK，1979）、狮尾猴（Shideler SE，1983）、小绢猴（French JA，1985）、节尾猴（Caroll JB，1990；Ziegler TE，1990）、长尾叶猴（Heistermann M，1995）的研究。

以粪便为实验材料进行生殖激素研究的应用较尿样要晚得多，测定粪便性腺激素以监测动物的繁殖功能开始于20世纪80年代，现已用该方法对自然生活条件下和笼养状态下的猕猴（WAssr SK，1988）、狒狒（WAsser SK，1991；1993；1994）、野马（Kirkpatrick JF，

1991）、犀牛（Schwarzenberger F，1993）、鸡貂（Mead RA，1990）等野生动物的繁殖周期和早期妊娠诊断进行了大量研究。

在有蹄类动物中，Miller（1991）对加拿大盘羊（*Ovis cunudens*）的研究表明，肾上腺激素代谢浓度在血清、尿液和粪便中显示出相同的变化趋势。肾上腺激素浓度反应承受环境压力的强度，因而可通过测定肾上腺激素来推断该物种所承受的环境压力强度。怀孕的家牛粪便中的孕酮和雌激素变化与血清中的一致，粪便和血清中的雌激素在怀孕后的第12周大幅度上升，可根据粪便雌激素的变化来进行妊娠诊断。麝牛（*Ovibos moschatus*）的雌激素、孕酮浓度与生殖状态相关，在发情前期、中期、后期和妊娠期其浓度均会发生相应变化（Desaulniers，1990）。生产了小马的雌性野马和未生产小马的野马粪便中雌二醇和孕酮浓度的区别很大（Kirkpatrick，1991）。在北美野牛的研究中发现，非哺乳期的成熟雌性怀孕率为80%，哺乳期的成熟雌性怀孕率仅为15%，这是由于哺乳引起了动物不排卵而造成的，北美野牛在排卵和怀孕时通过粪便查测到的内分泌变化与其繁殖行为表现非常一致（Kirkpatrick，1993）。白犀牛（*Ceratotherium sinun simum* ）粪便中92.4%的雌二醇是游离状态的（Hindle，1990）。黑犀牛（*Diceros bicornis minor*）受精后孕激素浓度持续上升，在60～250d之内高出5～10倍，分娩前2周粪便孕激素下降（Schwarzenberger，1998）。

粪便性腺激素主要包括孕激素、雌激素和雄激素，目前的研究主要集中于睾酮、雌二醇和孕酮。由于免疫测定方法特异性强，可以在很大程度上排除了粪样中复杂成份的干扰，所以粪便性腺激素测定多用放免（RIA）或酶免（EIA）进行，尤其是放免分析已作为一种诊断工具迅速发展起来，成为研究家畜、笼养动物和野生动物生殖内分泌的有效手段。通过测定粪便性腺激素来诊断妊娠已形成一种标准化方法，在众多动物园中得到广泛使用。笼养动物日粮中纤维素含量对粪样中性腺激素浓度有一定的影响。WAsser SK（1993）通过增减笼养条件下狒狒（*Papio cynocephalus cynocephalus*）日粮中的粗纤维发现，增加粗纤维含量对粪样中雌激素的分泌率有负效应，但当粪便中雌激素以每克干粪样中的含量（g^{-1}）表示时，血样与粪样中激素浓度之间的相关性最好，日粮中粗纤维造成的负效应最小，这一研究解决了由于食物纤维含量不同对粪便性腺激素浓度造成影响的问题。目前，通过测定粪便中性腺激素来反映动物生殖状态这一方法，在有蹄类动物的繁殖生物学研究中已有了较为广泛的应用。

从野生动物粪便中提取少量类固醇性激素已取得了较好成就，该方法具有其他方法所无法比拟的独特优点是众所周知的。在野生动物研究中，偶尔使用麻醉剂采取血样，不会对动物生殖潜力产生太大的副作用，但特殊的麻醉药会干扰动物的内分泌系统，而且麻醉剂会干涉或阻碍雌性动物排卵。因而，在排卵前使用麻醉剂采集血样所测得的荷尔蒙数据是不准确的。因此，粪便、激素监测的首要优点是完全无伤害性，能在不对动物进行镇静和限制的情况下收集样本，材料收集容易，其收集次数不受限制。

近年来以分子粪便学为基础的粪便取样分析方法，将传统的粪便分析方法与分子生物学技术相结合，在不干扰野生动物正常活动的情况下，可对这些物种进行物种识别、性别确定、数量调查、遗传多样性、行为生态学、系统地理学、食性及疾病、巢域及分布区范围等多方面的深入研究（魏辅文、饶刚、李明、方盛国等，2001）。2002年，刘丙万、蒋志刚系统总结了粪样在野生动物研究中的作用。李春旺、蒋志刚（2000）等利用麋鹿粪样，测定麋鹿繁殖行为和粪样激素水平变化的关系。李明、魏辅文等研究了雄性小熊猫粪便中睾酮水平的变化与繁殖周期的关系（李明、魏辅文，2003），以及小熊猫妊娠期粪便中睾酮、雌二醇的水平变化（李明、魏辅文，2005）等。国外也比较全面的报道了雌性大熊猫在发情期及妊娠期粪样性激素的变化。

根据已有资料显示，蒙古野驴属季节性繁殖动物，动物繁殖行为的季节性变化是其体内生殖功能季节性变化的外在表现。内分泌系统是动物体内调控生殖功能的重要系统之一，其调控作用主要是通过性腺分泌的性腺激素来实现的。不同的激素在不同的时间，以不同的方式，诱发特异基因的不同表达，调节靶细胞功能，从而调控生殖系统的功能。研究性腺激素的分泌水平，是了解动物生殖功能直接且最为有效的手段之一，也是动物繁殖生理学重要的研究内容之一。

研究繁殖行为与内分泌的相互关系，需要大量连续的野外观察记录和样本采集。早期的研究大多以血液为样本，但在动物中进行大量连续的血样采集既不方便也不现实。根据尿液及粪便中性腺激素浓度与血样中性腺激素浓度的相关性，许多学者在分析动物体内性腺激素水平时，用尿样或粪样代替血样。尿样或粪样采集不必侵扰目标动物，不会出现因为捕捉和保定而使动物产生的应激反应。就野生动物而，尿样采集是十分困难的，故而粪便样品就成为最理想的选择。近年来，通过粪便中性腺激素的检测来研究动物体内性腺激素的分泌水平的方法已应用到了多种有蹄类动物中，但没有将粪样激素水平研究应用于马科动物的报道。

现在动物粪便类固醇激素研究有以下作用：

①评估青春期的健康状况。

②可获得关于季节性繁殖、发情周期和发情时间、未孕黄体期的时间长短、妊娠周期的准确信息。

③可判断动物的排卵方式（自发排卵或诱导排卵）。

④早孕诊断、预测产期。

⑤确定生殖活动不活跃和过度活跃的原因，以评估动物生理压力，提高其生殖潜力。

⑥评估并提高动物栖息地环境状况，以促进种群健康增长。

到目前为止，应用粪便中类固醇激素研究野生动物繁殖生物学，应用于人工圈养或半敞放养的野生动物比较多，对于完全野生的动物，野外跟踪调查研究有一定的局限性。如在野外使用该方法，不容易分辨动物个体的粪样，也不便于及时有效地保存样品，对于大型野生动物，由于不易接近和个体识别，粪便样品采集难度很大。

本研究是对长期生活在相对固定区域内的蒙古野驴家族群，长达2年时间行为学观察研究的基础上开展的，不存在个体识别和个体粪便样品区分问题。通过粪样分析野生蒙古野驴体内性腺激素水平及其变化，探讨蒙古野驴粪样激素水平研究的方法，积累蒙古野驴粪样类固醇生殖激素水平的基础资料，并结合野外行为观察，对蒙古野驴粪样类固醇激素水平的变化与行为变化规律的关系进行分析。

二、粪样激素提取方法概述

华盛顿大学的Risler等人在Adlercreutz 研究人类粪便激素的方法的基础上，创建了一个用于野生动物粪便激素研究的方法，Risler用此方法提取了豚尾猴（*Macaca ne mestrina*）的粪便生殖激素，得到3H—雌二醇85.3%的回收率，3H—孕酮64.1%和3H—睾酮67.9%的回收率；同时，Risler采集了豚尾猴的血样，测量了血清的雌二醇（E2）和孕酮（P），发现其数据与粪样中的雌二醇和孕酮相关性很强。

WAsser等用Risler所创建的方法对旧大陆猴的粪便激素进行了研究，发现尿液被污染和粪便贮藏时间过长都会影响类固醇激素的准确性，但如加入乙醇则可消除这些影响，并且通过调节粪样的含水量可使食物中的纤维对类固醇激素的影响减少到最低程度。WAsser又再次改进了Risler的方法，使用二氯甲烷并省去了层析。新方法既省时又提高了实验效果，使雌二醇的回收率达到了88%，孕酮的回收率达到了91%。

Brown等人在研究猫科动物的粪便激素时，为消除致癌剂的使用，省去了使用二氯甲烷这一步，并在其他步骤上做了一些改动，提高了雌二醇和孕酮的提取率，在注射了以放射物标记的激素后两天时间里，粪便里回收到了97.0±0.6%的雌二醇和96.7±0.5%的孕酮。

李春旺等在研究麋鹿粪样中性激素时，将WAsser等和陈玉燕等的方法改进后用来提取麋鹿粪样中的激素，包括雄鹿的睾酮、雌鹿的孕酮、雌二醇和雌三醇。该方法比较简便省时，仅包括混匀和提取两个步骤。

1999～2000年李春旺等只使用甲醇和石油醚两种有机溶剂提取小熊猫粪便中的睾酮、孕酮和雌二醇。研究中我们发现方法可进一步的改进，如将以上3种性激素分别提取的多个步骤合并起来，可使实验更加省时简便，实验结果很理想，同时也避免了强致癌物质二氯甲烷的使用。此外，WAsser的方法还被加以不同的改进，用于提取其他动物的粪便类固醇激素。由此可以看出，近十几年来，从野生动物粪便中提取性激素的实验方法在不断改进、发展、变化着，没有形成一个固定的模式，而是根据不同动物的实际情况，尽量采取简便高效、切实可行的提取方法。通过检测动物粪便性激素来监控、了解动物的繁殖行为和生理机能，人们对野生动物的研究又掀开了新的篇章。

第二节　研究地点及方法

在2005年4～9月和2006年5～8月，结合每月进行7～10d的野外行为观察，每月对每头野驴个体取粪样3次，共取得粪样240份。

一、粪样采集

粪样是取自对第一阶段调查中发现的达尔罕茂明安联合旗查干哈达苏木（乡），距离中蒙边境线约80km范围分布的1个由8头（3♂、3♀和2幼）个体组成的家族群。蒙古野驴粪样激素水平研究的野外粪样采集工作与行为野外观察同时进行，由于粪样取样时花时间较多，而且粪样的存贮和运输均要求在低温（<－20℃）下完成，粪便存贮依托当地定居牧民的家用冰柜，作为每月取样的野外短期存贮。野外定点观察的3个蒙古野驴群体中，只有1个家族群的活动区域距离当地牧民的定居点较近，其余2个群体常在距离牧民定居点50km以外活动，粪样采集难度很大，我们不具备完成粪样低于－20℃的长时间野外贮运条件。

由于观察对象是固定群体，且长时间野外观察，依据体型、体态、大小、成幼、体毛色泽和尾端毛长度对个体均能识别，依据雌雄成幼将动物分别编号（♂1、♂2、♂3、♀1、♀2、♀3、幼1、幼2）。

在野外实际取样时，使用SWAROVSKI 60倍单筒望远镜观察，进行个体辨认和跟踪观察，收集每一个体的新鲜粪便，每次采集3～5粒粪便作为1个粪样，放入收集袋中，记录个体编号和采集时间，采集样本野外存放于保温冰盒中，每个野外采集样本在8h之内运送至牧民家，保存于的–20℃冰箱中。在每个月取样期结束后，将粪样运到内蒙古师范大学生命科学与技术学院动物学实验室，存贮在–20℃冰柜。

二、粪样激素提取

（一）粪样激素提取方法

参考WAsser等（1991）和陈玉燕等（1996）的方法，以及李春旺（2000）改进后的粪样激素提取方法并做改进，具体步骤如下。

首先，将新鲜粪样粉碎混匀，除去石粒和长植物纤维，取0.5g，120℃烘干后称重，测含水量（含水量＝鲜重－干重）。

然后，将新鲜粪样粉碎混匀，除去石粒和长植物纤维，取0.5g湿粪样，加4mL甲醇与水混和液（$V_{水}$：$V_{甲醇}$=8：1），振荡1.5分钟，再加入2.5mL石油醚，振荡0.5分钟（除去脂质），经1500rpm/分钟离心10分钟，取甲醇层2mL放入编号的圆底聚苯乙烯试管中，作为待测样品。

（二） 粪样激素含量测定

1. 放射免疫分析试剂盒

提供商：北京科美东雅生物技术有限公司。

生产批次：20060725。

2. 技术参数

(1) 睾酮（Testosterone，T）定量分析试剂盒：

● 测定范围：0.1～10ng/mL；

● 灵敏度：＜2ng/dL；

● 回收率：90%～108%；

● 精密度：批内为CV＜7.4%，批间为CV＜9.5%；

● 特异性：本抗血清与雌三醇、雄稀二酮、孕酮、双氢睾酮交叉反应均＜0.01%；

● 标记物总放射性活度：37～74 kBq；

● 标准曲线参考值如下。

T (cpm)	NSB/T (%)	B0/T (%)	B1/B0 (%)	B6/B0 (%)	r	ED75	ED50	ED25
30000	2.0	50	83.7	12.5	–0.998	22	112	571

(2) 雌二醇（Estradiol，E2）定量分析试剂盒：

● 测定范围：10～1000pg/mL；

● 灵敏度：＜5pg/mL；

● 回收率：95%～104%；

● 精密度：批内为CV＜8.0%，批间为CV＜7.7%；

● 特异性：与雌三醇、雌酮、孕酮、睾酮交叉反应分别为0.09%、0.7%、0.01%、0.01%；

● 标记物总放射性活度：50T为37kBq/瓶，100T为74kBq/瓶；

● 标准曲线参考值如下。

T（cpm）	NSB/T（%）	B0/T（%）	B1/B0（%）	B6/B0（%）	r	ED75	ED50	ED25
30000	2.0	50	85	17	−0.998	28	159	919

(3) 孕酮（Progesteron，P）定量分析试剂盒：

● 测定范围：1～80ng/mL；

● 灵敏度：＜0.05ng/mL；

● 回收率：90%～105%；

● 精密度：批内为CV＜7%，批间为CV ＜10%；

● 特异性：本抗血清与孕烯醇酮、雄稀二酮、雌二醇、交叉反应率分别为0.03%、0.01%、0.01%；

● 标记物总活度：50T为1μci， 100T为2μci；

● 标准曲线参考值如下。

T（cpm）	NSB/T（%）	B0/T（%）	B1/B0（%）	B6/B0（%）	r	ED75	ED50	ED25
30000	2.0	38	85	15	−0.998	0.41	3.59	30.43

3. 测定单位

本实验激素测定工作由内蒙古自治区医院核医学中心完成，使用中国科学技术大学科技实业总公司生产的GC-911 γ放射免疫计数器对上述待测样品进行定量分析测定，试验用γ放射免疫计数仪预先编制的程序自动输出相关参数、标准曲线和待测样品的浓度。

（三） 数据处理

（1）标准曲线的绘制是以B/B0为纵坐标，以标准品浓度为横坐标，在Logit-Log坐标纸上绘制标准曲线，根据样品B/ B0，从标准曲线上查出样品的含量。GC-911 γ放射免疫计数器能自动输出相关参数、标准曲线和待测样品的浓度。

B（cpm）：标准或样品管计数；

B0（cpm）：零标准管计数；

NSB（cpm）：空白管计数；

（2）针对提取稀释过程换算激素浓度值，根据本试验提取过程，换算如下

T：若测定值为Xng/dl，则T＝ ng/g；

E2：若测定值为Xpg/mL，则E2＝8Xpg/g；

P：若测定值为Xng/mL，则P＝8Xng/g。

（3）通过每种粪样烘干前后的称重测定其含水量。

（4）根据含水量，将各个湿粪样的激素含量换算成干粪样中的含量。

（5）所测得激素浓度数据，采用Excel软件和统计学分析软件SPSS 13.0进行比较分析、绘图等。

第三节　蒙古野驴粪样生殖激素分析

在定点观察研究的蒙古野驴小群体中，对雌性成体、雄性成体和亚成体在春夏季即繁殖季节前后（4～9月）的各月份，分别做了个体粪样类固醇生殖激素含量测定。

一、雄性个体粪样睾酮（T）含量

成体雄性（♂1）是定点观察群体的头驴，也是该群体中唯一的成年雄性个体，粪样睾酮浓度分析测定表明，成体雄性的睾酮水平具有明显的周期性波动现象，在繁殖季节出现高于非繁殖季节的睾酮浓度，6月出现分泌峰值，并在7月开始出现发情交配行为前睾酮水平已开始出现下降（图6-1）。

雄性亚成体（♂2）在2005年度的睾酮浓年度变化明显，此时其个体为2岁，在4～9月的粪样睾酮浓度表现出较低而不稳定的现象，没有明显的浓度高峰值，睾酮浓度在300～400ng/g水平保持较长时间（5～7月）；2006年5～8月（3岁）的粪样睾酮出现明显的浓度高峰值，粪样激素（P）的浓度接近成体水平（图6-2）。

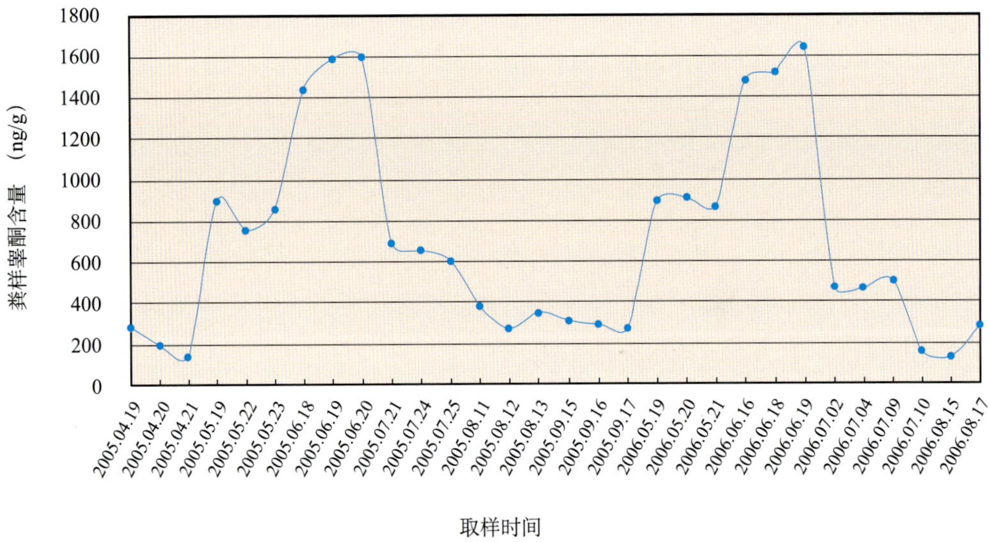

图6-1 蒙古野驴雄性成体（♂1）春夏季粪样睾酮含量的月变化

Fig. 6-1 Month by month changes fecal P level of spring and summerin male Asiatic Wild Ass（♂1）

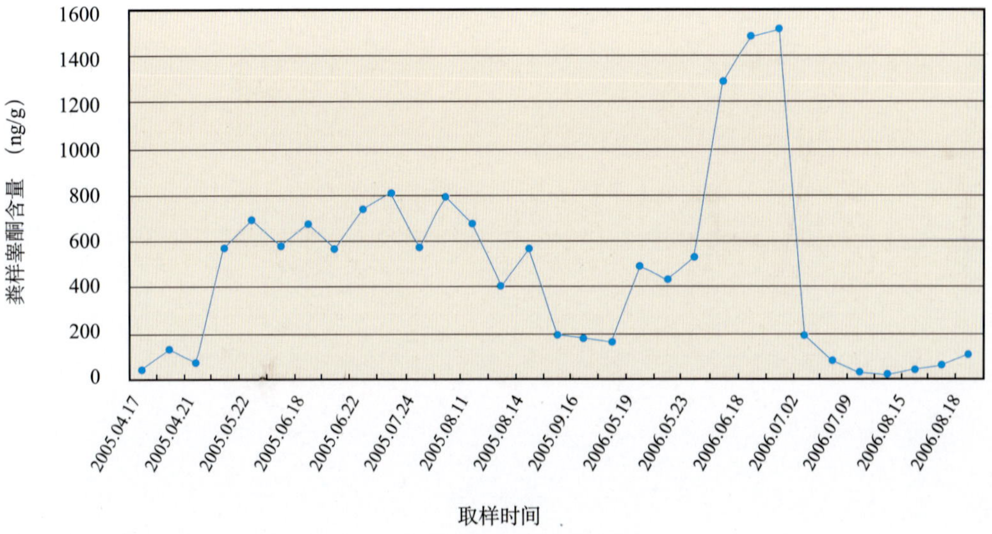

图6-2 蒙古野驴雄性亚成体（♂2）春夏季粪样睾酮含量的月变化
Fig. 6-2 Month by month changes fecal P level of spring and summerin male Asiatic Wild Ass（♂2）

3岁雄性亚成体（♂3）的粪样睾酮水平较高，干粪样睾酮含量500～700ng/g，从2005年4月开始出现并维持时间较长，直到该个体因被群体中头驴攻击出现重伤后死亡为止（图6-3）。

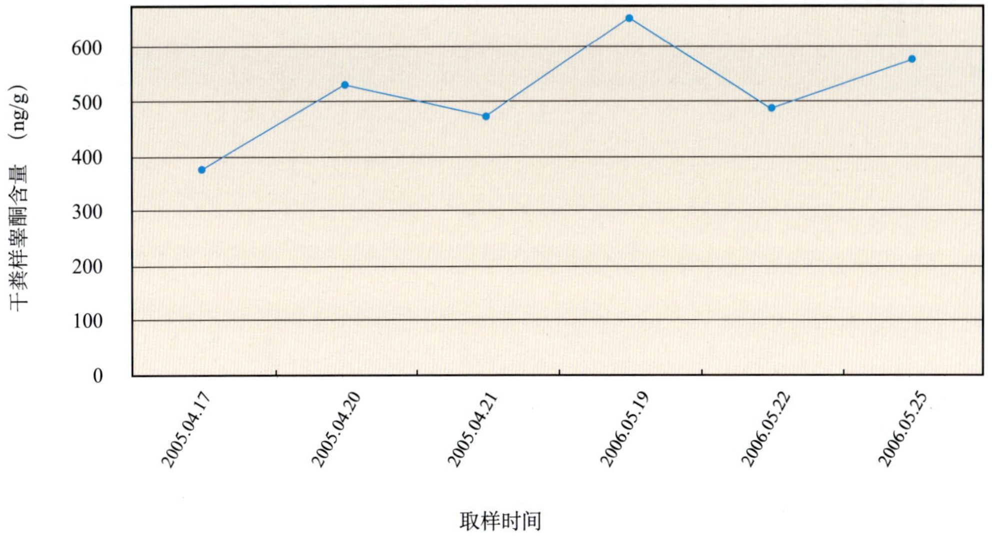

图6-3 蒙古野驴雄性亚成体（♂3）干粪样睾酮含量
Fig. 6-3 Fecal P level of spring in male Asiatic Wild Ass（♂ 3）

二、雌性成体粪样雌二醇（E2）含量

定点观察研究的群体中3头成体雌性蒙古野驴，粪样雌二醇含量在繁殖期明显高于非繁殖期，在6、7月，干粪样雌二醇含量保持在9000pg/g以上的浓度，雌性1号和2号个体出现了明显的峰值，雌性3号的峰值不明显（图6-4～图6-7）。

将3头雌性成体每次取样的个体粪样雌二醇含量相加取平均数，得出如图6-7的曲线，可以看出雌二醇水平的变化趋势和规律。

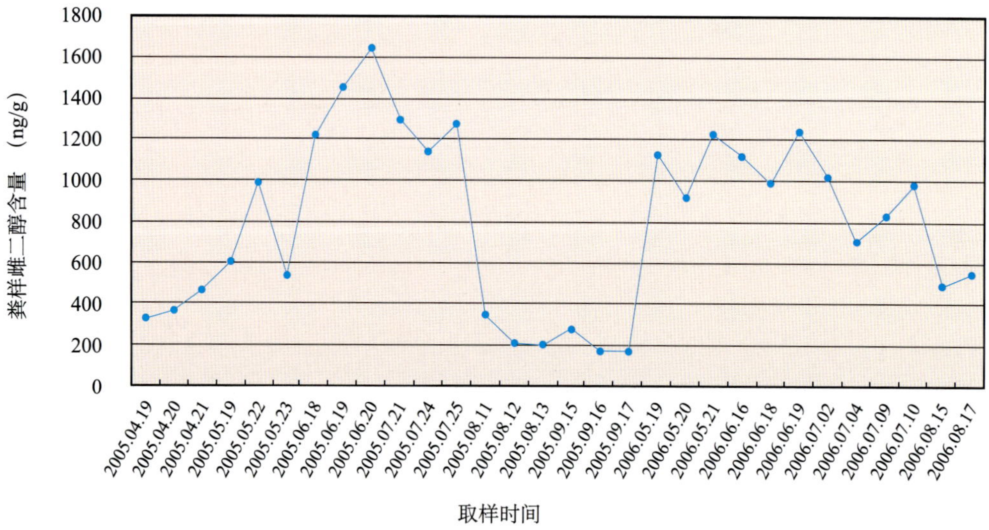

图6-4 蒙古野驴雌性成体（♀1）春、夏季粪样雌二醇含量的月变化
Fig. 6-4 Month by month changes fecal E2 level of spring and summer in female Asiatic Wild Ass（♀1）

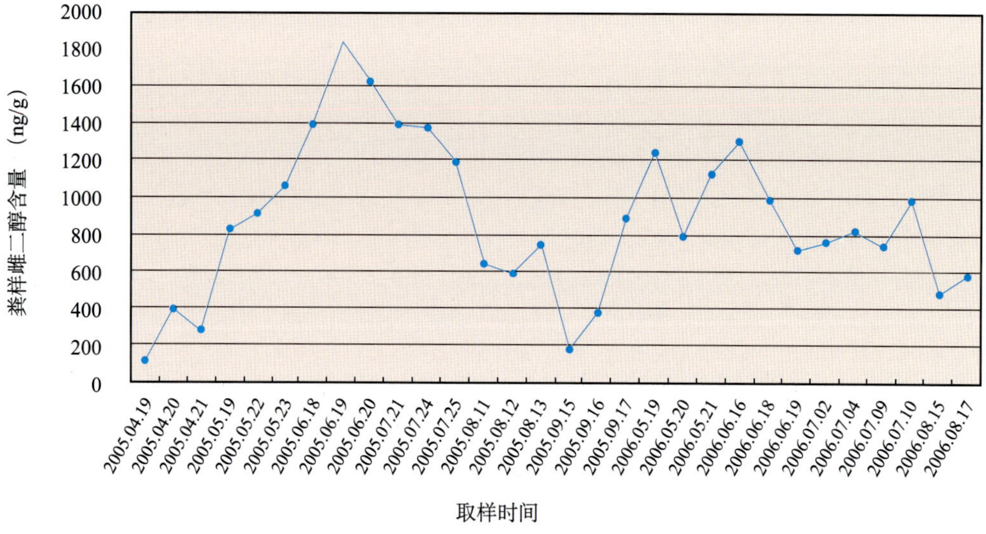

图6-5 蒙古野驴雌性成体（♀2）春、夏季粪样雌二醇含量的月变化
Fig. 6-5 Month by month changes fecal E2 level of spring and summer in female Asiatic Wild Ass（♀2）

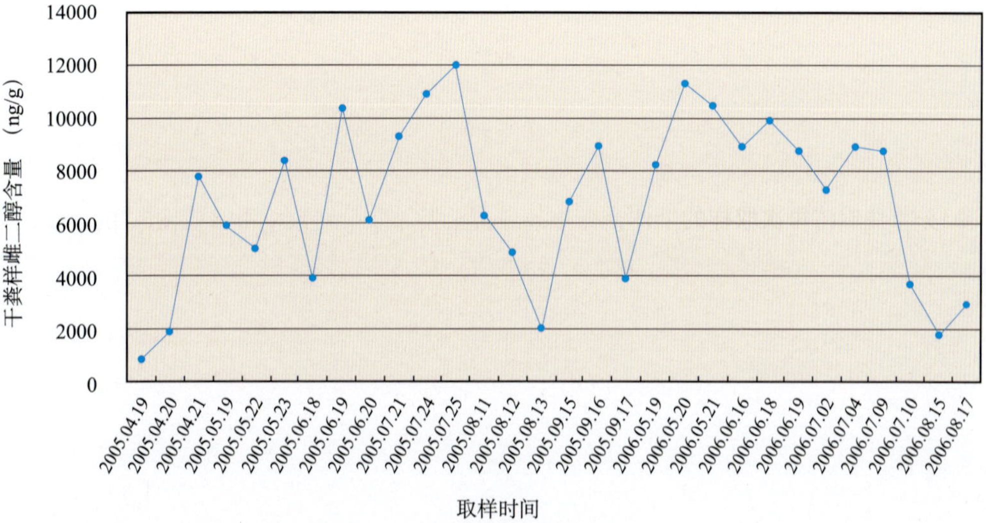

图6-6 蒙古野驴雌性成体（♀3）春、夏季粪样雌二醇含量的月变化
Fig. 6-6 Month by month changes fecal E2 level of spring and summerin female Asiatic Wild Ass（♀3）

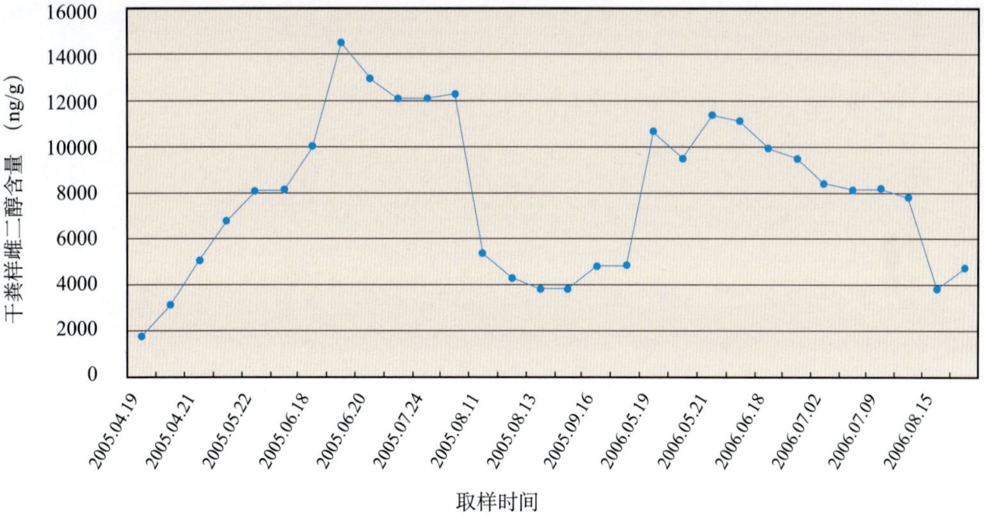

图6-7 蒙古野驴雌性成体春、夏季粪样雌二醇含量的月变化
Fig. 6-7 Month by month changes fecal E2 level of spring and summer female Asiatic Wild Ass

三、雌性成体粪样孕酮（P）含量

蒙古野驴雌性成体粪样孕酮水平连续2年的测定结果表明，在5月和8月各出现1个高峰，峰可达21890.59835ng/g（即每克干粪样含量为21890.60ng）。其余各月间变化较小，总体含量值维持在较低水平（图6-8）。

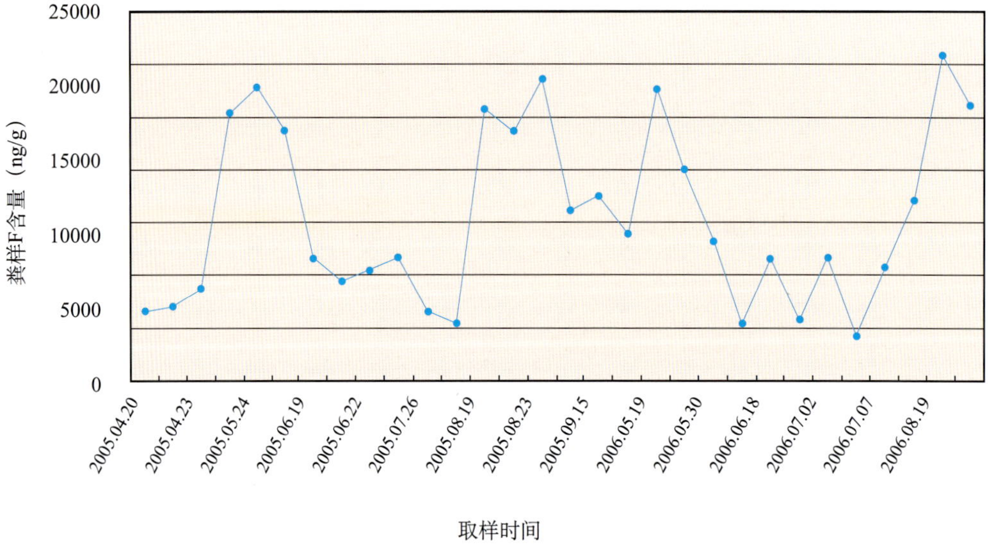

图6-8 蒙古野驴雌性成体春、夏季粪样孕酮含量的月变化

Fig. 6-8 Month by month changes fecal P level of spring and summer female Asiatic Wild Ass

四、粪样类固醇激素含量的统计分析

连续两年的测定结果表明，雄性蒙古野驴在春夏季粪样睾酮水平个体间差异显著（t检验，$P<0.05$）。成体雄性粪样睾酮浓度的高峰值每年均出现在6月，峰值都显著高于其他各点（t检验，$P<0.05$）。

雌性蒙古野驴粪样中雌二醇的水平每月间差异都显著，呈明显的季节性变化（t检验，$P<0.05$），粪样雌二醇水平有一个峰值出现在每年的6月。这些峰值都显著高于其他各点（t检验，$P<0.05$）。粪样雌二醇水平在个体间差异不显著，各月份间雌性蒙古野驴粪样中的雌二醇差异显著（$P<0.05$）。

雌性成体蒙古野驴粪样孕酮水平在5月和8月各有1个高峰，峰值显著高于其他各值（t检验，$P<0.05$），其余各值无规律，但总体值维持在较低水平。

五、讨论

研究证明，性激素控制、调节着大多数哺乳动物的交配能力，性激素也对个体的交配动机产生影响（Wallen，1990）。Wade（1976）给大鼠肌注睾酮，发现受试动物的体重明显下降，说明高水平睾酮浓度会使动物身体处于高能耗状态。在雄性个体中，这种高耗能状态常常是与个体之间的紧张关系的产生相联系的。Dixson（1993）对雄性成年狨猴（*Callithrix jacchus*）个体的攻击行为和睾酮浓度之间关系进行了研究，发现睾酮对雄性个体攻击行为的产生起促进作用，而社会环境的紧张也会促使雄性分泌大量的睾酮，两者相辅相成。

有季节性繁殖习性的蒙古野驴，进入繁殖季节后，会有大量的雄性个体聚集到繁殖区域，其中包括已占有领地的家族群中头驴和四处游荡的“单身汉”。这些雄性个体体内睾酮水平升高，已达到分泌的峰值状态。在参加繁殖的家族群体周围出现的“单身汉”，是家族群中头驴的直接争夺者，此时雄性个体间争斗行为频次最高，当争斗行为分出高下，争斗的频次出现下降的同时，睾酮的分泌量也开始下降。所以睾酮分泌峰值的出现反过来就可以反映争斗个体之间的紧张程度，同时也预示种群进入繁殖状态。

高浓度睾酮水平的维持是一个高能耗过程（Wade，1976）。在研究中发现，睾酮分泌高峰期，同时也是雄性个体间的攻击性行为发生频率的高峰期；雄性头驴强烈的攻击行为增加了低序位雄性亚成体的紧张感，可能是促使其粪样睾酮水平较高的主要原因。蒙古野驴雄性成体粪样睾酮水平，在出现峰值后很快就开始下降并在高于一般值的水平维持较长时间，此时也是雄性个体间竞争结果出现之后，蒙古野驴进入发情交配期，雄性睾酮浓度开始下降并保持一定水平直到交配时期结束。所以，有理由认为，体液睾酮浓度的升高，对雄性蒙古野驴有降低争斗行为阈值和促进繁殖行为的双重作用。从生存对策的角度来看，由于长时间的维持较高浓度的睾酮水平，动物个体的能耗增加，这样对动物个体的生存不利，应是睾酮水平出现峰值后很快下降的另一主要原因。高水平睾酮持续较短的时间，表明由于大量分泌睾酮是一个高耗能过程，于对峙个体不利，所以一旦小群体中争斗的激烈程度有所降低，群体恢复稳定状态，睾酮浓度随即开始下降，这在随后的交配和受孕期也是处于下降趋势之中可说明。

亚成体雄性的粪样睾酮浓度在3岁时达到成体水平，并出现季节性波动，分泌峰值出现的时间与雄性成体相一致。野外的行为观察发现，在族群中无成年雄性个体，成年雌性无交配对象的情况下，没有观察到群体中3岁或3岁以下个体表现出交配行为。蒙古野驴族群中3岁雄性亚成体不参加交配，说明雄性亚成体生殖激素睾酮浓度不是决定能否参加繁殖的唯一因素。在繁殖季节，群体中雄性亚成体只有在3岁时才开始受到家族群中头驴的攻击，此时亚成体睾酮浓度达到成体水平，并出现与成体在时间上相一致的峰值的现象，可以认为在一定程度上雄性间的争斗行为也有促进睾酮分泌的作用。高水平睾酮分泌也可以认为是个体对其群体内部及周围活动雄性个体所表现出的紧张状态的反映，睾酮浓度是动物个体间敌对程度的一种表现形式。在动物中，生存环境的变化在一定程度上对内分泌起着至关重要的作用。

睾酮浓度大小与成年雄性个体是否占有领域和雌性群体之间不存在必然联系。睾酮与雄性个体攻击性的引发有关，而雄性攻击性的大小对个体在获取繁殖领域和保护并拥有雌性的过程中起促进作用。

在雌性哺乳动物中，雌二醇（E2）和孕酮（P）调控雌性的生殖行为（Young，1961）。雌二醇对启动雌性哺乳动物的发情有重要的作用，是雌性哺乳动物发情的基础（Wallen和Goy，1977；Lipschitz，1997）。麋鹿粪样中雌二醇峰值出现在发情期（5～7月），显著高于其他时间（李春旺，2000）。大熊猫和小熊猫的研究表明，尿液中雌二醇在非发情季节一直处于较低水平，在发情期突然升高，并达到峰值，发情结束后迅速回落至基础值（施少清等，1988；李春等，2003、2005）。

生殖生理学研究表明，随着雌二醇分泌高峰值的出现，由于在卵泡发育晚期，成熟卵泡分泌孕酮，使孕酮的分泌也有明显上升，并在较短的时间内出现峰值（Wang和Zhang，1998）。已有的研究表明，雌性动物在少量孕酮的协同作用下，提高了中枢神经系统对雌激素刺激的敏感性，雌性动物表现出性欲及性兴奋，并接受交配，表现出发情行为（Dong，1985；Whalen，1974）。

本研究结果表明，蒙古野驴粪样雌二醇水平在繁殖产仔前出现高峰，在时间上与发情和交配行为相一致，而后雌二醇水平开始降低，并维持在一定水平。与此同时，伴随着繁殖行为结束之后，孕酮浓度迅速升高并达到峰值，在交配后孕酮升高并维持较长时间，直到2005年9月粪样孕酮水平还保持在较高水平，没有出现下降现象，是否说明已经受孕，不得而知。然而，次年（2006年）定点观察的这3头成年雌性均没有产仔。在定点观察的蒙古野驴小种群栖息地，自2005年6月至2006年8月连续15个月，相当于连续两个生长季没有有效降雨，栖息环境的食物资源极度匮乏。直至7月初观察到的蒙古野驴夏毛还没有完全长出，整个身体仍然保留着大面积的冬毛，这样的环境因素是否也可作为对蒙古野驴体内激素变化的重要影响因素加以分析，还有待于进一步的深入研究。

第四节　蒙古野驴粪样生殖激素与昼间行为的相关性分析

一、繁殖行为与粪样生殖激素水平研究概述

关于野生马科动物繁殖行为学和生殖生理学方面的研究几乎没有报道。现有关马科动物的相关资料几乎都是关于家马和家驴的，如排卵、发情、交配和繁殖行为的观察资料（Smuts，1976；Westlin-van Aarde，1988）。已有的研究发现，野生马科动物的主要生物学特征与一般家马非常相似。如怀孕周期的长短差别很微小。Stabenfeldt和Hughes（1977）；Ginther（1979，1986，1992）；Rowlands和Allen（1979）；Rowlands（1975，1982，1987，1991）；Asa（1979，1986）做了家马生殖生理和繁殖行为学等多方面的研究报道。King（1965）；Ginther（1979，1992）；Tienhoven（1983）；Rowlands和Weir（1984）研究了马科动物生殖系统的解剖结构，发现马科动物与九条犰狳一样具有排卵窝，这是一种独有的结构，排卵窝位于卵巢腹面边缘，包括一个与即将发展成熟卵子的原始细胞连接的凹陷结构。王

墨清等（1995）对国内人工饲养的普氏野马进行了性成熟、交配年龄、发情季节、发情周期、发情特征和交配行为等繁殖规律研究。

与其他动物类群一样，生活在温带的马科动物比热带马科动物繁殖周期的季节性更强，光周期可能是在温带最重要的决定动物季节性繁殖的环境因子（Ginther，1979、1992）。然而在热带，伴随雨季的食物营养因素对动物的出生高峰极其重要（Grubb 1981； Penzhorn，1988；Churcher，1993）。马科动物具有在一个发情周期中多次发情的现象，发情直到怀孕或者繁殖季节的结束为止。由于定义和调查方法的不同，对动物性成熟年龄的估计有明显的差异，早期的估计是以发情行为的表现为依据，也就是第一次交配。现在还不清楚在第一次发情交配的失败是何缘由，体内激素水平、社群经验和族群中交配机会等都是可能的因素。后来对青春期的估计基于第一次生育的年龄减去孕期在第一次怀孕中占的时间。

资料显示，马科动物在发情期结束后也有交配行为发生，亚成体在这些早期的尝试往往是不会受孕，事实上第一次怀孕的年龄要比第一次发情或交配的年龄要晚些。对于雄性来说，野外观察只能提供第一次交配的证据，由于社群原因而可能把生理上的性成熟推后，这可能也是第一次繁殖年龄雄性明显比雌性晚的原因。对于家畜，从卵巢检查中已经获得了动物第一次排卵的生理学证据，同样从雄性动物的睾丸检查也能确定第一次产生精子的年龄（Smuts，1976）。在野生动物中，现在较为理想和成熟的方法是粪便激素分析法，可在无人类干扰的情况下提供体内激素水平，为判断野生动物生理状态提供依据。

关于马科动物的繁殖行为学研究同样仅是家马的研究资料。马科动物的发情期为19～35d，与其他哺乳动物相比属于中等长度，与牛和羚羊相同，其他哺乳动物的发情期从1天到1周不等（Asa，1996）。在年轻或年老的马科动物中，雌性的发性期可能较正常的繁殖季节延后，没有受孕的个体每隔15～35d发情一次，直到怀孕或繁殖季节结束（Ginther，1974）。

对马科动物发情行为的研究发现，在发情期间，雌性家马表现出排尿频率增加，与其他雌马的分离，接近雄马等行为特点（Asa，1979；1986）。尾巴偏到一边或者竖起，露出会阴，阴蒂有节奏的外翻不但在排尿时发生，而且也单独发生。发情的成年家马（Asa，1986）和普氏野马（Houpt和Boyd，1994）母马的面部表情表现为轻微的低头，耳朵向后向体侧竖，面部肌肉松弛。发情的母斑马和母家驴面部表情包括收回嘴唇露出门齿，经常伴随着高声的嘶叫（Klingel，1974；Penzhorn，1984；Clayton，1981）。较年轻的雌性个体以咬的方式接近雄性，这在成熟的母马或者母驴中较为常见（Clayton，1981；Crowell-Davis，1985）。雌马以能吸引雄马的方式排尿，尿迹本身也能引起雄马强烈的兴趣，一般会引起雄马相应的排尿反应作为标记（Feist和McCullough，1976；Asa，1979；Houpt和Boyd，1994）。雄马在爬跨之前往往有头在雌马臀部的停顿、交配包括多次插入、射精时伴随有尾巴的下垂、有节奏的收缩使尾巴向会阴处靠近等行为。

马科动物在妊娠的早期也有发情行为出现（Asa，1983），这种行为对诊断怀孕和妊娠期长度推算造成了影响。野生马科动物的妊娠期为11～13 个月（Kenneth，1953；Bannikov，1958；Joubert，1974；King，1985）。除了少数情况，所有的马科动物都是一胎一仔，妊娠期长达330～390d。大多数文章都认为马科动物第一次生殖通常在3～5龄间，极少见在2龄雌性就开始生殖的现象。在增长的种群里平均每头雌性个体每年产驹数为0.6～0.8只（Bouman，1996）。Saltz 和 Rubenstein（1995）的研究显示蒙古野驴年轻雌体繁殖成功率随着年龄增长而增长，但是他们并没有能说明在老龄动物中繁殖成功率下降的数据。对家马（Rossdale和

Short，1967）和平原斑马（*Equus burchellii*）（Wackernagel，1965）的研究认为在午夜前是马科动物的分娩高峰期。在两种马科动物斑马（*Equus grevyi*）和蒙古野驴研究发现，产出后代的性别受母体年龄的影响，一般来说这两种动物中年轻母亲容易产出雄性后代（Hayward，1987；Saltz and Rubenstein，1995）。

马科动物在分娩后1～2周出现第一次发情，对于这次发情的生殖能力，学术上有争议（Ginther，1992），是没有受孕还是流产，在野生马科动物的野外直接观察中是无法得到确切答案的。因为即使在食物不受限制的的情况下，家马也有10%～18%的流产率（Ginther，1992）。同样，粪便类固醇激素水平研究可成为野生动物早期妊娠诊断较为理想的手段。Asa（2001）对细纹斑马（*Equus grevyi*）进行了尿和粪样类固醇激素分析，克服了在许多物种研究上用麻醉和制服手段进行生理学取样带来的问题。

二、研究时间和地点

研究地点在内蒙古自治区包头市达尔罕茂明安联合旗中蒙边境地区（41° 50′～42° 27′ N，106° 15′～108° 00′ E）和内蒙古自治区巴彦淖尔市乌拉特梭梭林—蒙古野驴国家级自然保护区（44° 36′～46° 00′ N，88° 30′～90° 03′ E）。

2005年5～8月至2006年4～7月，结合每月进行7～10d的野外行为观察，每月对每一个体取粪样3次，对每一个体共取粪样24次，粪样总数96个。

三、研究方法

具体观察方法是：采用扫描取样（Scan sampling）法对观察目标进行个体辨认，对其作连续5分钟的行为观察，记录该时间段内目标动物的各种行为及行为持续时间。

在观察期间，采用连续记录法（Continuum recording）即全部事件记录法，记录被观察个体的所有行为及其持续时间。在发情交配期，除记录交配个体的全部行为过程和持续时间，同时还记录群体中其他个体的行为和相对位置。

由于个体数量有限，易辨认，对一个个体观察完可立刻转入下一目标个体的观察，一轮观察结束后顺序不变进入下一轮观察，依此类推对野驴群中个体进行顺次观察。繁殖季节如见有发情交配现象，则停止对其他个体的扫描观察，用目标取样法对发情个体进行观察，同时记录两个体的各种行为及行为持续时间，直至此事件停止。此后，再转入对群中所有个体的扫描观察。

粪样采集、处理、激素分析测定、技术标准和数据处理方法与前面章节所述相同。

四、研究结果

（一）雄性蒙古野驴繁殖行为

野外实际观察到雄性蒙古野驴的繁殖行为可分为如下类型。

领域行为：在一定范围内雄性头驴对雌性的圈逐和对外来雄性成体驱逐、嘶咬行为。

性接触行为：嗅外阴、嗅尿、嗅粪。

标记行为：粪标记、尿标记、尿覆盖。

性行为：追逐雌性、约束雌性、爬跨、交配、交配后呆立。

（二） 雌性蒙古野驴繁殖行为

性行为：频尿、送臀、接受爬跨、交配。

育幼行为：哺乳、嗅仔、舔仔、摩擦幼仔、护仔。

（三） 蒙古野驴繁殖行为的季节变化

1．雌性蒙古野驴繁殖行为的季节变化

对雌性蒙古野驴繁殖行为观察记录分析表明，在行为发生频次上，除哺乳、摩擦幼仔和护仔行为外，频尿、送臀、接受爬跨、嗅仔、舔仔和交配行为在月份间表现出明显差异，仅在5～7月的繁殖季节能观察到，表现出明显的季节性发生的特征。从行为发生频次的统计结果来看，6、7月是雌性蒙古野驴育幼行为如哺乳、嗅仔和舔仔行为发生频次最高的月份，雌性蒙古野驴的性行为——送臀和接受爬跨行为的高发生频次在7月，而且雌性的发情行为仅发生在7月。.

2．雄性蒙古野驴繁殖行为的季节变化

对雄性蒙古野驴繁殖行为的野外观察结果分析发现，雄性与繁殖有关的行为仅发生在4～7月间，即繁殖季节，非繁殖季节没有观察到繁殖行为。从各种行为方式发生的频次来看，除领域行为如驱逐成体雄、雄性间嘶咬、尿覆盖没有月份差异外，雄性的其他繁殖行为均表现出月

份间的显著差异，嗅尿、嗅使、粪便标记和追逐雌性行为在5、6月的发生频次明显高于其他月份；嗅外阴、爬跨和交配行为在7月份发生的频次最高。

对各类繁殖行为发生持续时间的统计分析来看，在野外观察记录到雄性蒙古野驴的12种繁殖行为中，驱逐成体雄、雄性间嘶咬、尿覆盖、粪便标记和尿标记行为在4～7月的繁殖季节中的每个月均有发生，持续时间最长。嗅尿、嗅便和追逐雌性行为在5、6月发生的持续时间最长，嗅外阴、爬跨和交配行为在7月发生的持续时间明显最长。

（四）繁殖行为发生频次与粪样激素水平的相关性

在雄性蒙古野驴的许多繁殖行为中，驱逐成体雄性、嗅外阴、尿标记、粪标记、爬跨和交配行为的发生频次与粪样中睾酮水平都呈极显著的相关（$P<0.01$）；嘶咬、嗅尿、尿覆盖、追逐雌性等行为与粪样中睾酮水平呈显著相关（$P<0.05$）；只有嗅粪和交配后呆立行为与睾酮水平的相关不显著（$P>0.05$）（表6-1）。

表6-1 雄性蒙古野驴繁殖行为的发生频次与粪样睾酮水平的相关性

Tab. 6-1 Correlation between fecal T level and frequency of reproductive behaviors in Asiatic Wild Ass

行为变量（Behavior）	相关系数 r（Correlation index）	双侧概率 P（2-tailed）
驱雄（Chasing stags）	0.953	0.003**
嘶咬（Worry）	0.875	0.023*
嗅外阴（Anogenital sniffing）	0.943	0.006**
嗅尿（Urine sniffing）	0.812	0.050*
嗅粪（Sniffing）	0.670	0.145
尿标记（Urine marking）	0.955	0.003**
粪标记（Dung marking）	0.957	0.003**
尿覆盖（Urine bestrow）	0.821	0.045*
约束雌性（Holding hinds）	0.947	0.004**
追雌（Chasing hinds）	0.861	0.028*
爬跨（Mounting）	0.939	0.005**
交配（Copulating）	0.975	0.001**
交配后呆立（Standing after copulate）	0.742	0.091

*Correlation is significant at the 0.05 level（2-tailed）；
**Correlation is significant at the 0.01 level（2-tailed）。

雌性蒙古野驴发情行为中送臀和接受爬跨行为与粪样雌二醇水平呈显著相关（$P<0.05$），频尿与其粪样雌二醇水平相关不显著（$P>0.05$）（表6-2）。育幼行为与粪样中孕酮水平均无显著相关（$P>0.05$）（表 6-3）。

表6-2 雌性蒙古野驴性行为发生频次与粪样雌二醇水平的相关

Tab. 6-2 Correlation between fecal E2 level and frequency of sexual behaviors in Asiatic Wild Ass

行为变量（Behavior）	相关系数 r（Correlation index）	双侧概率 P（2–tailed）
频尿（Frequent urinating）	0.659	0.154
送臀（Anogenital giving）	0.852	0.031 *
接受爬跨（ Mount permitting）	0.817	0.047 *

*Correlation is significant at the 0.05 level（2-tailed）

表6-3 雌性蒙古野驴育幼行为发生频次与粪样孕酮水平的相关

Tab. 6-3 Correlation between fecal P level and frequency of maternal behaviors in Asiatic Wild Ass

行为变量（Behavior）	相关系数 r（Correlation index）	双侧概率 P（2–tailed）
哺乳（Nursing）	–0.767	0.075
嗅仔（Sniffing calf）	–0.626	0.184
舔仔（Licking calf）	–0.633	0.177
摩擦幼仔（Rubbing calf）	–0.423	0.404
护仔（Protecting calf）	–0.689	0.130

五、讨论

季节性繁殖是许多温带动物繁殖习性的共同特征，在某些有蹄类动物的繁殖周期中，雌性的妊娠后期和哺乳期定时在栖息环境食物最富和高质的时期。雄性的交配授精时间发生于与雌性发情相一致的季节。如水鹿（*Cervus unicolor*）和驼鹿（*Rangifer tarandus*）（Asher，G W et a1，1985；999）、麋鹿（李春旺等，2000）、原麝（*Moschus moschiferus*）、马鹿（Leader-Williams，1988）等。袁喜才（1988）、宋延龄等（1990）、曾治高等（2001）、刁小平等（2001）研究了坡鹿繁殖行为，对其繁殖行为的生理意义进行了研究分析，描述了坡鹿的发情周期等繁殖规律。郑兴涛等（1983）、张爱忠（1990）、赵玉芳等（1992）研究了马鹿（*Cervus elaphus*）的发情周期等繁殖行为。George B Schaller 等（2006）在新疆昆仑山西部，对藏羚羊雌性种群的迁徙行为和产仔行为进行了研究。

许多有蹄类动物在白昼渐短的秋冬季节性腺开始活动并出现繁殖行为，经过一个很长的怀孕期后，在次年的春夏之际产仔，从而使产仔期落在自然界中食物条件最好的时间内，这是一种很好的适应性表现。马科动物由于妊娠期约为11～12个月，产仔与交配的间隔时间很短，均发生在夏季。动物繁殖的季节性最直观的表现应该是繁殖行为的季节性波动，这一点在蒙古野驴繁殖行为的野外观察中得以充分证实。蒙古野驴繁殖行为存在月份间显著差异，而且雌雄蒙古野驴发情行为的高峰期集中在7月，这样使妊娠期长达11个月的雌性产仔期出现在6月，这时也是蒙古野驴栖息地环境中食物最丰富的时期，有利于幼仔的快速生长和发育。雌性蒙古野驴

的产仔期在6月，母兽表现出对新生幼仔呵护，出现育幼行为高峰值集中在6、7月的现象是与雌性个体对新生幼体哺育行为随着幼体成长而减少相一致的。另外，丰富的食物在促进新生幼体快速成长的同时，使幼体易受敌害攻击的时间相对缩短，可提高幼体的成活率，有利于种群数量的稳定和增加。

进入繁殖季节后，蒙古野驴有些繁殖行为出现明显的季节性波动，可能的原因是在发情期开始或开始前雄性个体间的激烈竞争，争斗行为频繁发生，结果使发情高潮期雄性头驴在群体中的地位基本确定，其他雄性成体和亚成体已不在族群中，争斗行为发生的频次减少。

雌性蒙古野驴在产仔和交配时有短时间离群行为，但离开族群的距离不远，只是在族群周围单独活动，由于发生频次很少，使此类行为的统计分析结果表明没有月间显著差异。另外有一些行为仅集中表现在发情期间，发生的频次也很少，统计分析结果，各月间差异不显著，如雌雄蒙古野驴的交配行为、雄驴的交配后呆立行为和雌驴的送臀行为。

绝大多数哺乳类动物性激素的分泌水平不仅决定着动物的交配能力，而且还影响着动物对交配的兴趣。在某些啮齿类中，雌鼠在交配的过程中常常做出一种弓背姿势就是受卵巢激素控制的行为，这样才能使雄性阴茎插入阴道，一旦这种激素不足，交配过程就不能完成。雌性豚鼠的阴道口在平时是封闭的，只有进入排卵期的个体才会打开，控制其阴道口张开的就是排卵期较高浓度的雌激素所致。雄激素的分泌是雄性在交配中阴茎有效勃起所必不可少的，但性激素对性行为具有严格控制的作用，在较高等的灵长类动物已被大大削弱乃至消除。在这些动物中，性激素将主要影响它们的交配动机。

生殖激素对有蹄类的周期性繁殖行为起着至关重要的作用，雄激素与雄性繁殖活动密切相关，繁殖季节血浆睾酮水平明显高于非繁殖季节，性行为也集中在此时期。如成年公羊睾酮水平在秋季最高，交配行为与睾酮水平相关显著。睾酮是确定和维持雄性个体第二性征的决定性因素，同时还影响着雄性的性行为和攻击性，其分泌水平与雄性的性欲心理、性行为密切相关。驯鹿（*Rangifer tarandus*）（李春旺，2000）、马鹿（Leader-Williams，1988）睾酮分泌的季节性增加诱导出明显的具有发情期特征的性行为和攻击行为，其他许多有蹄类动物如鹿类的研究也有同样的结论。

本实验获得与上述一致的结果，即雄性蒙古野驴粪样睾酮水平季节变化显著，而且与很多繁殖行为的季节性变化显著相关，说明雄性蒙古野驴的繁殖行为是受精巢睾酮分泌量调节的，睾酮分泌的季节性波动是雄蒙古野驴繁殖行为季节性变化的生理基础。

雌性激素对繁殖周期起着重要的控制和调节作用，ChamLey等（1973）发现，母羊血浆雌二醇和孕酮水平在孕期逐渐增加，分娩前孕酮陡然下降，雌二醇继续上升，他们认为，这些变化引起母羊进入新一轮繁殖周期。雌性激素有启动雌性动物繁殖行为的作用，很小剂量的雌激素就足以引起脊柱前突行为。雌激素也是引发育幼行为的重要因素，如果先以孕酮处理母羊，能使它的育幼行为对雌激素的敏感性增加，当然这其中还有催乳素（prolactin）的作用。

本研究发现，雌性蒙古野驴的粪样雌二醇和孕酮水平有明显的季节性变化，在5月再现一个明显的高峰值。雌性野驴粪样雌激素水平在分娩前较高，在发情期无显著上升，类似的报道也有，如麋鹿（李春旺等，2000）、驯鹿（Lincoln，1971）、马鹿（Leader-Williams，1988）。圈养狼（*Canis lupus*）雌二醇水平在发情前和发情期增加，但与尿标记行为显著不相关（Asa，1990）。雌性蒙古野驴粪样孕酮在分娩前一个月达到最高水平后开始下降，发情期开始之前降到最低，交配后出现第一个峰值，但与育幼行为显著不相关。尽管如此，不否定雌激素对繁殖行为的调控作用，这些结果并不意味雌性繁殖不受激素的控制。本研究认为：①雌性蒙古野驴的繁殖行为受性激素的调控较弱，或者是受多种性激素协调作用来完成，而且是一个长期的过程，这一点不同于雄性动物；②雌性激素是引发雌性蒙古野驴繁殖行为必不可少的生理基础，但繁殖行为的维持可能还依赖动物个体的生活经验；③除类固醇激素外，其他种类的生殖激素在雌性蒙古野驴的繁殖活动中也起着非常重要的作用。

第七章 Chapter 7

半散养蒙古野驴研究

第一节　研究地点及方法

一、研究地点

本项研究于2006年6～11月，在呼和浩特市大青山野生动物园食草区中进行，对半散养蒙古野驴的行为与活动规律进行了初步研究。呼和浩特市大青山野生动物园位于大青山南麓，北接大青山山脊，东至红山口沟，南到呼包高速路，西临呼武公路，占地面积820hm^2，是华北地区最大的野生动物园。它地处中温带内陆地区，属西北大陆性气侯，雨热同季，四季分明、昼夜温差大。年平均气温在6℃左右，年均日照数为3000h，年降水量350～500mm。食草区占地8hm^2，主要半散养着蒙古野驴、马鹿、梅花鹿等大型食草动物。

二、研究方法

半散养种群有4头成年雌性，2头亚成体（雌雄各1头），1头幼体（雄性）共7头。本研究对半散养种群的7头蒙古野驴进行了观察与记录。正式观察前先进行了3天的预观察，采取全事件取样法，每天6：00～18：00进行观察，以熟悉和掌握半散养条件下蒙古野驴秋季昼间的行为时间分配和活动规律，进行个体识别，并依此构建蒙古野驴的行为谱。每头野驴每次观察2分钟，每小时观察3轮，记录蒙古野驴的行为及时间分配。

对7头蒙古野驴累计观察76d，对收集的数据首先按每小时进行统计，再按成体、亚成体、幼体分别对数据进行统计。所有统计借助SPSS 13.0软件完成。不同年龄阶段行为数据、成体之间的行为数据采用非参数统计中多个样本的Krusal-Wallis H检验，亚成体之间的行为数据采用了非参数统计中两个独立样本的Mann-Whitney U检验进行分析。

第二节 研究结果

一、半散养条件下蒙古野驴夏季昼间行为的时间分配

半散养条件下，夏季蒙古野驴昼间行为的时间分配是摄食（48.45±10.01）%、站立（22.46±6.83）%、社会联系（10.33±11.68）%、运动（7.67±4.28）%、卧息（7.37±8.23）%、其他（3.71±2.03）%。在各种行为中摄食行为的比例最高，接近50%。可能与蒙古野驴体型较大，需要能量较多有关，加之食物质量较差，所以昼间摄食行为的时间分配较高。

二、半散养条件下蒙古野驴秋季昼间的行为时间分配

为了便于行为的统计分析，根据实际观察把蒙古野驴的行为类型分为摄食（主要分为索食、站式采食、行式采食）、站立（四肢支撑身体，保持静立不动的姿态）、运动（通过四肢使身体向前移动的过程，包括走动、跑动）、卧息（腹部、背部、体侧接触地面）、社会联系（个体之间的行为）、其他行为（包括饮水、排便、修饰、警戒等）。

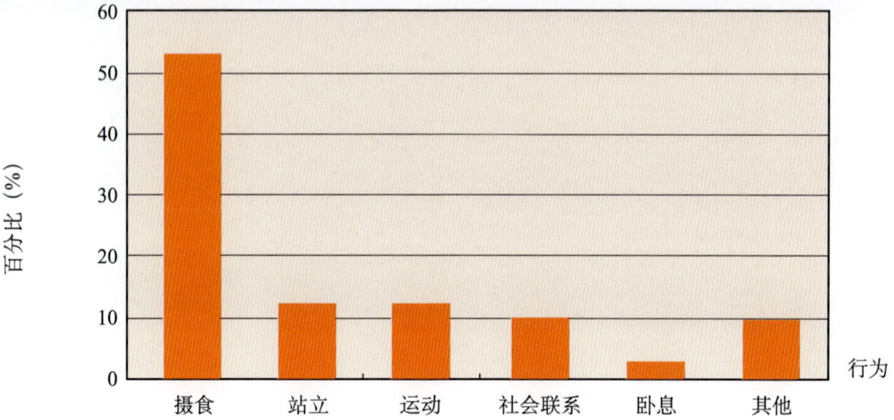

图7-1 半散养状态下蒙古野驴秋季昼间的行为时间分配
Fig. 7-1 Time budget of daytime behaviors of Asiatic Wild Ass on semi-free-range in autumn

半散养条件下蒙古野驴秋季昼间行为时间分配如图7-1所示。

三、半散养条件下蒙古野驴夏季昼间活动规律

半散养蒙古野驴夏季一天内摄食有3个高峰期（8：00～9：00、11：00～12：00、16：00～18：00），站立有2个高峰期（8：00～10：00、12：00～15：00）。各行为中比例最高的站立和摄食在一天中交替出现。运动有3个高峰期（7：00～8：00、9：00～10：00、15：00～16：00），卧息有2个高峰期（6：00～7：00、13：00～14：00），社会联系在一天

中发生的较为平均。受生物和非生物因子的影响，动物行为大多表现出一定的节律性，而动物的行为时间和活动节律可以间接的反应其食物的可利用性与自然环境等特征。夏季，半散养蒙古野驴在一天内摄食有3个高峰，原因与工作人员的投喂时间有关（上午10：00左右投喂，下午16：00左右投喂）。站立有2个高峰期，往往在摄食高峰期后1h左右。这主要因为半散养条件下食物丰富，野驴在短时间内获得足够的食物后需要一定的时间对其进行消化和吸收，因此时间上有所延迟；另外也与工作人员的投喂时间有关。卧息2个高峰期出现在黎明和正午，原因可能是气温偏低或偏高，在这两段时间采食或活动付出的能量代价高，蒙古野驴为了降低能量消耗多采取卧息行为。运动行为的高峰期往往发生在摄食行为前后，主要因为半散养条件下食物有限且草食区动物较多，所以蒙古野驴必须在饲喂时间内大量采食，尽量减少其他行为的发生。

四、半散养条件下蒙古野驴秋季昼间活动规律

以每天的观察时间为横坐标，一个行为在某一时刻纪录的时间占这一时刻记录的总时间的比例为纵坐标，绘制蒙古野驴秋季昼间的活动规律曲线（图7-2）。

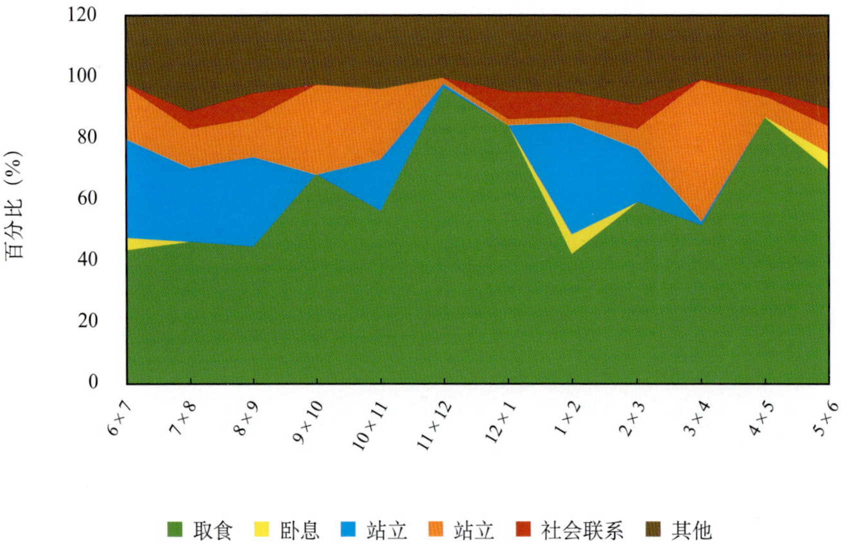

图7-2 半散养状态下蒙古野驴秋季昼间的活动规律
Fig. 7-2 Events law of daytime behaviors of Asiatic Wild Ass on semi-free-range in autumn

秋季，半散养蒙古野驴一天内摄食有3个高峰期（9：00～10：00、11：00～12：00、16：00～18：00），站立有3个高峰期（6：00～7：00、8：00～9：00、12：00～14：00）。运动有2个高峰期（9：00～10：00、15：00～16：00），卧息有2个高峰期（6：00～7：00、13：00～14：00），各种行为中比例最高的站立和摄食在一天中交替出现。

五、半散养条件下蒙古野驴不同年龄阶段昼间行为比较

利用非参数统计法中Kruskal Wallis H 检验对夏季半散养蒙古野驴成体、亚成体、幼体三者之间进行夏季昼间各种行为差异的比较分析，发现摄食（X^2=10.514，P=0.005）、卧息（X^2=9.639，P=0.008）、社会联系（X^2=10.238，P=0.006）等行为差异极显著。站立（X^2=0.066，P=0.967）、运动（X^2=2.436，P=0.296）、其他行为（X^2=0.970，P=0.616 ）差异不显著。其原因可能是夏季幼体出生不久，其营养来源主要依靠吮乳，加上身体较弱，运动和躲避敌害能力差，所以造成不同年龄阶段昼间某些行为的差异。

六、半散养条件下年龄因素对蒙古野驴各种行为的影响

成体之间进行秋季昼间各种行为差异的比较分析（表7-1），发现摄食、社会联系差异极显著，站立行为差异显著，卧息、运动、其他等行为差异不显著。亚成体之间进行秋季昼间各种行为差异的比较分析，发现摄食、站立、其他、运动、卧息等行为差异均不显著。成体、亚成体、幼体三者之间进行秋季昼间各种行为差异的比较分析，发现摄食、运动、卧息、社会联系、站立、其他等行为差异极显著。

表7-1 半散养蒙古野驴不同年龄阶段各种行为差异的比较

Tab.7-1 Comparison of differences in the various acts of different age stages Asiatic Wild Ass on semi-free-range

行　为	成体之间		亚成体之间		成体、亚成体、幼体之间	
	x^2值	P	Z（u值）	P	x^2值	P
摄　食	12.375	0.006	−1.732	0.083	10.474	0.005
卧　息	3.405	0.333	−1.162	0.245	21.327	0.000
站　立	7.985	0.046	−0.436	0.663	10.557	0.005
运　动	3.044	0.385	−0.577	0.564	18.313	0.000
社会联系	12.904	0.005	−1.732	0.083	9.956	0.007
其　他	1.679	0.642	−1.155	0.248	21.287	0.000
	KruskalWallis H 检验		Mann−Whitney U 检验		Kruskal Wallis H 检验	

第三节　讨论

野生或散养状态下，食草有蹄类总是将最多的时间用于摄食，较少的时间用于休息。在秋季半散养蒙古野驴的日行为研究中，发现有相似的规律（图7-1）。虽然半散养状态下有稳定的食物来源，但由于食物的营养价值较低，而且蒙古野驴是一种体型较大的食草动物，所以每天要花大量时间摄入足够的食物才能满足生长、发育、繁殖以及运动的能量与营养需要。从图7-1可以看出，秋季蒙古野驴摄食行为超过昼间行为时间分配的50%，其余各种行为仅占其行

为时间分配的一小部分。

受生物和非生物因子的影响，动物行为大多表现出一定的节律性，而动物的行为时间和活动节律可以间接的反应其食物的可利用性与自然环境等特征。秋季，半散养蒙古野驴在一天内摄食有3个高峰（9：00～10：00、11：00～12：00、16：00～18：00），分析原因：其一与工作人员的投喂时间有关（上午10：00左右投喂，下午16：00左右投喂）；其二可能也与秋季黎明气温偏低，搜寻和摄食要付出较多能量有关。站立有2个高峰期（6：00～7：00、8：00～9：00、12：00～14：00），往往出现在摄食高峰期后1h左右。这主要因为半散养条件下食物丰富，蒙古野驴在短时间内获得足够的食物后，需要时间对其进行消化和吸收，因此站立行为高峰期往往在摄食行为高峰期后；另外也与工作人员的投喂时间有关。卧息有两个高峰期（6：00～7：00、13：00～14：00），出现在黎明和正午。分析原因主要因为气温偏低或偏高，在这两段时间采食或活动付出的能量代价高，蒙古野驴为了降低能量消耗多采取卧息行为（图7-2）。

半散养种群中，亚成体之间进行昼间各种行为差异的比较分析，结果差异不显著；成体之间进行昼间各种行为差异的比较分析，摄食、社会联系差异极显著，卧息、运动、其他等行为差异不显著，站立差异显著（表7-1）。分析原因：主要因为成体均为雌性，且既有授乳行为的成体，又有未授乳行为的成体。而授乳需要消耗能量，为了获得足够的食物供给，尽可能的降低能量消耗，有授乳行为的成年个体在摄食、社会联系、站立上花的时间要多些。由于体重的差别，同一物种成体、亚成体、幼体的行为时间分配也会存在一定的差异。对半散养成体、亚成体、幼体三者之间昼间各种行为差异的比较时，发现摄食、卧息、社会联系、站立、运动、其他等行为差异极显著。表明年龄因素与昼间行为的分配有一定程度的相关性。分析原因：其一，因为幼体食物来源有摄食和吮乳两个部分，吮乳行为占的时间分配比例较高，但计算时归入了社会联系上，所以幼体花在摄食上的时间明显少于成体和亚成体。此外幼体弱小，对母体的依赖性很强，需要母体更多的保护，所以花在社会联系上时间要多于成体和亚成体。因此成体、亚成体、幼体之间摄食、社会联系差异极显著。其二，幼体刚出生，其行为处在发展期，身体弱小需要更多的时间来休息以增强生理机能。所以花费在卧息、站立等行为上的时间多于成体、亚成体。这在杜卫国等对圈养林麝的研究中也有相似的报道。其三，对于草食性动物来说，运动能力是其躲避敌害的主要手段。而秋季是幼体的行为发育期，在这期间幼体的行为逐渐成熟，各项技能逐渐增强，尤其是运动行为所占的时间分配比例相当高，所以导致幼体花在运动上的时间要高于成体和亚成体。

Chapter 8

第八章

保护现状和对策探讨

第一节　蒙古野驴可持续生存的主要问题

一、家畜与蒙古野驴的生存资源竞争问题

毋庸置疑，近代畜牧业的快速发展是导致蒙古野驴分布区及数量急剧减少的主要原因之一。这一威胁因子至今仍然存在于蒙古野驴的残存分布区。鉴于中蒙边境铁丝网已全线封闭，内蒙古西部的野驴种群几乎消失，而中东部仅残存少量个体，家畜与蒙古野驴的生存资源竞争问题主要

体现于新疆卡拉麦里山保护区内。据调查，该保护区北部荒漠草原地带是当地哈萨克牧民及其畜群的传统越冬地，每年入冬降雪后，牧民即从夏牧场转到保护区。据调查，每年的10月初，富蕴县城到恰库尔图镇80km范围内已有转场的家畜群，半个月之内即可进入保护区北部。在保护区东部，家畜群已经开始从北塔山逐渐向保护区转场，在距保护区东边界清河境内家畜已经移动到了距保护区几千米的范围内了。大量的家畜进入该保护区内无疑会严重消耗该区域原本生物量较低的植被资源，导致蒙古野驴等野生有蹄类动物冬季食源不足的严重问题。

二、小种群的保护遗传学问题

目前，在内蒙古中东部残存或不定期进入我国境内的蒙古野驴群体，一般种群数量不超过12头，群体间个体交流较困难，在一定程度上已呈岛屿化分布的小种群状态。物种以小种群形式存在不可避免地出现近亲繁殖及遗传漂变，群体的遗传多样性衰退（Soule，1987；Snyder etal.，1996），同时，小种群近亲繁殖所导致的有害基因纯合，会危及物种的生存（Ryder，1981；Templeton，1983；马建章等，1990；Lacy，1992，1993；Howard，1993；Waser，1993；Goppoliti，1997）。局部选择（Local Selection）学说认为，遗传衰竭是由于在稳定的环境中遗传性趋于一致的结果。当种群数量减少，生境狭隘导致残存种群的遗传杂合度下降（中国科学院生物多样性委员会，1992）。因此，若不能最终解决两国边境的铁丝网对蒙古野驴迁徙及交流的阻碍作用，蒙古野驴在内蒙古中东部现存的小种群将难以长期自我维持。

三、栖息地丧失问题

近年来，内蒙古自治区的草原围栏迅速发展，已将辽阔的内蒙古草原分割成为以家庭为单位的小块，严重地阻隔了草原有蹄类动物的自然移动，最为严重的阻隔要算中蒙两国各自修建的边境铁丝网。蒙古野驴属大型食草动物，成体的体重超过250kg，它们的食物、行为以及个体发育受自身形态结构、生理特点等生物学特征的制约。这决定了蒙古野驴及所有的马科动物都是生活在开阔地带的大食量者。加之一夫多妻制和高度的集群的群体生活方式，这一切都是蒙

古野驴分布、数量变动、集群和迁移的主要影响因素。草原围栏的兴建已严重阻碍了蒙古野驴的迁移，导致其栖息地的严重丧失，现有的片断化栖息地难以支撑较大的群体。

第二节　保护现状

从20世纪80年代开始，中国就开始保护蒙古野驴，并在1982年建立了第一个自然保护区。迄今为止，中国已建立了4个蒙古野驴自然保护区。

卡拉麦里山保护区是第一个保护蒙古野驴的自然保护区。它位于中国新疆的北部，保护区总面积约为18000km²，保护区所处海拔800～1472m。平均气温2.5～8℃，极端最高和最低气温分别为50℃和－39℃。平均降水量为159mm，平均蒸发量为2090mm。该地区是典型的干旱沙漠气候区。保护区景观特征包括裸露的岩石、戈壁沙漠、坡地及高山。该区主要的植被包括梭梭、白梭梭、盐生假木贼、草麻黄、猪毛菜等。植被的覆盖特征为旱生的灌木和半灌木（Chu，2009）。

在保护区内除了蒙古野驴还有鹅喉羚、盘羊和普氏野马。卡拉麦里山保护区的功能包括保护有蹄类和其他动物、恢复生境及保持典型景观的完整性和保护古生物化石。研究表明，在该保护区内约有蒙古野驴4000头（Yue，2006；Bi，2007）。

在1986年建立的奇台荒漠草原类草地自然保护区是新疆第二个保护有蹄类及栖息地的保护区，位于新疆奇台县（89°53′～90°07′E，44°12′～44°25′N），面积约为384km²。保护区海拔650m～740m，具有典型的荒漠气候及荒漠植被。气候干旱，降水量为130mm，蒸发量为2160mm。两种主要类型的草地包括白梭梭、梭梭（Zhou et al，2007）。主要的保护内容包括荒漠草原生态系统及荒漠动物。在该保护区内的蒙古野驴的数量常有波动（Zheng and Gao，2000；Bi，2007）。

乌拉特梭梭林－蒙古野驴自然保护区位于内蒙古西北部。在1985年该保护区成立之初定名为Nudeng自然保护区，主要目的是保护梭梭。保护区海拔840～960m，属典型的大陆型沙漠气候。2001年，该保护区的面积从之前的280km²增加到1318km²，并重新命名为“乌拉特梭梭林－蒙古野驴自然保护区”（Han and Zhang，2006）。之后很多种有蹄类，如蒙古野驴、鹅喉羚、盘羊及北山羊也成为该保护区的保护对象。在2000年的夏季和秋季，有超过10000头的蒙古野驴从蒙古迁徙至此（Li et al，2002）。尽管大多数的蒙古野驴最终又返回了蒙古，但是也有约200头的蒙古野驴留在该地（Bi，2007）。

内蒙古额济纳胡杨林国家级自然保护区（101°03′～101°17′E，41°30′～42°07′N）建立于1992年，位于内蒙古西部的阿拉善盟。保护区占地面积263km²，平均海拔900～1600m。胡杨和梭梭是该保护区的代表性植物（Cui et al，2000；Liu，2007）。最近的报道表明，在该保护区内未见活体蒙古野驴（Bi，2007），但是在保护区的核心区内及其临近的地区如狼山、马鬃山等曾发现有蒙古野驴的存在（Zheng and Gao，2000）。

除了就地保护之外，很多蒙古野驴被引入到动物园及野生动物公园。由于身体健壮和清洁的外表，使得蒙古野驴成为动物园中备受欢迎的动物。不同地方的动物园和野生动物园均饲养了蒙古野驴。调查数据显示，中国所有的动物园和野生动物园中共饲养蒙古野驴超过100头。

第三节　保护对策的探讨

野生动物生境减少、退化与破碎化是野生动物生存面临的最大的威胁。野生动物保护最关键的步骤是生境保护，在进行生境研究的基础上，保护濒危物种的最适宜生境，并把生境保护与生态系统管理相结合，以保证有生存能力的种群存活。针对蒙古野驴受到的主要威胁因素，通过生境分析研究，了解蒙古野驴分布区的生境类型和特点，发现影响蒙古野驴生境的主要因素如土壤基质类型、坡度、水源远近、植被类型与人类活动影响等等。干旱的荒漠和半荒漠草原是人类活动影响较小的地区，人类活动对蒙野驴的影响主要是草原围栏。蒙古野驴的分布区日益萎缩，目前在国境内的蒙古野驴仅仅分布于新疆维吾尔自治区卡拉麦里山国家级有蹄类自然保护区、内蒙古自治区巴彦淖尔市乌拉特梭梭林－蒙古野驴国家级自然保护区及内蒙古自治区中西部的中蒙边境地区，分布区域在快速缩小。人类活动是导致蒙古野驴目前生存局面的关键因素。

以往在草原管理实践中很少考虑生物多样性的保护。野生动物的保护工作没有受到重视。从蒙古野驴的种群发展看出，在短短几十年间，由原来一个常见的物种变成了濒危物种。所以应该将牧业发展、生物多样性保护与区域持续发展相结合，进行生态系统管理是解决野生动物生境保护的必由之路。人类活动压力下，蒙古野驴可能灭绝，只有采取有效行动，才能真正保持蒙古野驴目前的生境。因此提出以下保护对策。

一、深入开展蒙古野驴调查、监测与研究

深入开展蒙古野驴调查、监测与研究，特别是对蒙古野驴迁移规律的监测与研究。蒙古

野驴具有重要的生态价值和经济价值，对其研究具有重要的意义。但由于蒙古野驴分布于自然条件极其严酷、交通十分不便的地区，我国对蒙古野驴调查与研究开展得很少，本次调查只能对其种群数量、栖息地状况进行初步了解，还需要对其生态及生活习性、迁移规律、栖息地状况、食物资源及食性等进行更为深入的研究，为蒙古野驴保护提供依据。

二、加强边防围栏上生态通道建设

目前，中蒙边境沿线建设了2.2m高的边防铁丝网，对国防建设具有重要作用，但同时阻断了蒙古野驴、黄羊等野生动物的迁移通道，干扰了其正常的活动迁移规律，对其生存繁衍构成巨大威胁。部分边防围栏虽然预留了一些生态通道，对蒙古野驴、黄羊的保护起到了一定作用。但有的生态通道不在野生动物的迁移路线上，有的地方虽然建有生态通道，但不经常打开，没有起到应有的作用，而且大部分地区没有建设生态通道，边境线完全处于封闭状态，完全阻隔了野生动物的往来活动。因此建议野生动物主管部门与边防部队合作，对其进行技术指导，加强生态通道建设，并保持其畅通。

三、与边防部队合作

对边防区野生动物及其栖息地进行共建共保。根据调查，蒙古野驴主要栖息在距离边境线20km的边防区内，由边防部队进行管辖，进入防区进行野生动物调查、研究均需要得到边防部队的许可。边防部队的生态环境建设和野生动物保护意识对野驴的保护至

关重要。在地方政府实行退牧还草、生态移民的政策下，大部门牧民相继迁出了边防区，边防部队成为防区的主要“居住人口”。因此，建议野生动物主管部门与边防部队加强合作，建立边防区野生动物保护合作组织，对边防部队进行生态环境建设及野生动物保护进行指导与合作，以更好地保护蒙古野驴以及其他野生动物及栖息地。

四、与蒙古国合作，建立跨国界的国际保护区

蒙古野驴主要分布在中蒙两国，由于具有长途迁移的生态习性，一般冬季进入中国境内，夏季进入蒙古国。边境围栏的建立，干扰了野驴的迁移习性，是野驴受到的最大威胁，建议与蒙古国进行合作，在动物的迁移路线上，拆除部分边防围栏，建立跨国界的国际自然保护区，保障蒙古野驴正常的迁移活动。

五、加强水源地建设

蒙古野驴分布区冬季寒冷干燥，风沙多，夏季干旱降水少，日照强烈，蒸发量大。水成为蒙古野驴的最主要的限制性生态因子。蒙古野驴的分布、种群数量与水源地有很大关系，其迁移活动、行为习性等均围绕水源地进行。因此，建议在蒙古野驴栖息地建设一定数量的水源地，从解决其限制性生态因子入手，加强栖息地建设，提高栖息地质量，促进其种群数量的提高。

六、牲畜业转场

将卡拉麦里山保护区内冬季牧民及牲畜转移到其他地方过冬。卡拉麦里山保护区是我国蒙古野驴最集中的分布区，但每年冬季，大群家畜进入保护区，地毯式啃食生物量较低的荒漠草原植被，直接影响了蒙古野驴越冬的食物源，成为当地蒙古野驴的最大威胁。建议有关部门与当地政府合作，在其他地方为当地牧民重新划定冬季草场，将冬季牧民及牲畜转移到其他地方过冬，实行生态移民，为蒙古野驴保护做出贡献。

主要参考文献

毕俊怀，丁英，胡德夫，司晓艳，蒋志刚. 蒙古野驴昼间行为的时间分配. 动物学杂志，2007，42（4）：51-56

常弘，萧前柱. 带岭地区马鹿冬季对生境的选择性. 兽类学报，1988，8（2）：81-88

陈化鹏，萧前柱. 带岭林区马鹿食性的研究. 兽类学报，1989，9（1）：8-15

陈化鹏. 有蹄类食性研究方法的评价. 动物学杂志，1991，26（2）：40-41

陈立伟，冯祚建，蔡平，李永波，陈洪舰，蒋志刚. 普氏原羚昼间行为时间分配的研究. 兽类学报，1997，17（3）：172-183

陈玉燕，张希贤，赵明杰. 圈养食蟹獴之行为模式与繁殖生理研究. 台北动物园学报，1996，8：1-16

楚国忠，梁崇歧，阮云秋，王伟，侯韵秋. 卡拉麦里山有蹄类野生动物保护区野驴的夏季栖息地及种群数量. 动物学报，1985.31（2）：173-186

凤凌飞，毕俊怀. 内蒙古野生动物多样性. 草地生物多样性保护研究，内蒙古大学出版社. 1995：55-58

凤凌飞. 内蒙古珍稀濒危动物图谱. 中国农业科学技术出版社. 1991：182-185

高行宜，谷景和. 马科在中国的分布与现状. 兽类学报，1989，9（4）：269-274

高中信. 动物生态学实验与实习方法. 东北林业大学出版社，1992，（7）：85-91

高中信.呼伦贝尔草原黄羊冬季食性的研究.兽类学报，1995，15（3）：203-208

葛桃安. 扭角羚的御敌与护幼. 野生动物，1988，（4）：30-31

葛炎，刘楚光，初红军，陶永善. 新疆卡拉麦里山自然保护区蒙古野驴的资源现状. 干旱区研究，2003，20（1）：32-34

谷景和，高行宜. 新疆东昆仑山阿尔金山的动物区系与动物地理区划. 新疆动物研究，1991：30-43

郭方正，高学斌，侯玉宝. 甘肃盐池湾盘羊夏季食性日活动节律及社群行为的研究. 动物学报，1993，39（4）：392-398

胡德夫，贾泽信. 古尔班通古特沙漠南缘脊椎动物群落的摄食集团及其生态适应. 干旱区研究，1998，15（1）：64-68

贾志云，段恩奎，蒋志刚，王祖望. 笼养雌性果子狸的同性数量影响发情状态兼论繁殖期尿液雌二醇浓度的变化. 动物学报，2002，48（5）：618-624

蒋志刚，Hudson，R.J. 北方有蹄类动物的摄食与生长季节性节律. 李博主编. 现代生态学讲座. 科学出版社. 1995：55-64.

蒋志刚，李春旺，彭建军，胡慧建. 行为的结构、刚性和多样性生物多样性. 2001，9（3）：265-274

蒋志刚，李春旺，曾岩，Widemo F. “Harem defending” or “challenging”：alternative individual mating tactics in Père David’s deer under different time constraint. 动物学报，2004，50（5）：706-713

蒋志刚. 动物行为原理与物种保护方法. 2004，北京，科学出版社
蒋志刚. 麋鹿行为谱及PAE编码系统. 兽类学报，2000，20（1）：1-12
蒋志刚. 普氏野马. 动物学杂志，2004，29（2）：100-101
蒋志刚. 自然保护野外研究技术. 2002，北京，国中林业出版社
康蔼黎，张恩迪. 饲养条件下羚牛母幼行为的初步研究. 动物学杂志，2001，36（2）：19-22
李春，魏辅文，李明，刘学卿，杨智，胡锦矗. 雄性小熊猫粪便中睾酮水平的不变化与繁殖周期的关系. 兽类学报，2003，23：115-119
李春旺，蒋志刚，汤宋华. 散放麋鹿的警戒行为模式、警戒距离及其季节差异. 动物学报，2006，52（5）：942-947
李春旺，蒋志刚，周嘉　，曾岩. 内蒙古巴彦淖尔盟蒙古野驴的数量、分布和保护对策. 兽类学报，2002，22（1）：1-6
李春旺，蒋志刚，房继明. 麋鹿繁殖行为和粪样激素水平变化的关系. 兽类学报，2000，20（2）：88-99
李春旺，蒋志刚，汤宋华. 散放麋鹿的警戒行为模式、警戒距离及其季节差异. 动物学报，2006，52（5）：942-947
李春旺，蒋志刚，曾岩，阎彩娥. Cortisol levels，dominance rank and mating opportunities in Pere David's deer stages. 动物学报，2003，49（3）：566-570
李迪强，蒋志刚，王祖望. 普氏原羚的食性分析. 动物学研究，1999，20（1）：74-77
李继承，颜廷峰. 林区野生马鹿食性与危害幼林的分析. 动物学杂志，1989，24（3）：34- 36
梁崇歧，陆军等. 半野生麋鹿交配行为与交配环境的研究. 中国动物学会成立六十周年论文集. 北京：中国科学技术出版社，1994：451-456
刘丙万，蒋志刚. 粪样在野生动物研究中的作用. 动物学研究，2002，23（1）：71-76
刘丙万，蒋志刚. 普氏原羚的采食对策. 动物学报，2002，48：309-316
刘永生. 青藏高原上的蒙古野驴. 野生动物，1988，46（6）：8-9
刘振生，王小明，曹丽荣. 圈养条件下岩羊冬季昼间的行为及活动规律. 东北林业大学学报，2005，33（1）：41-43
马建章，贾竞波. 野生动物管理学. 哈尔滨：东北林业大学出版社. 1990：1-320
聂海燕，刘季科. 根田鼠攻击行为模式及其进化稳定对策分析. 生态学报，2004，24（7）：1406-1412
朴仁珠，刘务林. 蒙古野驴种群现状的研究. 西藏林业论文集. 拉萨：西藏人民出版社，1993：189-194
秦荣前，魏吉祥. 东北梅花鹿在南京地区采食野生植物观察. 动物学杂，1991，26（4）：25-29
尚玉昌. 动物的防御行为. 生物学通报，1999，34（6）4-7
宋朝枢，贾昆峰. 乌拉特梭梭林自然保护区科学考察集. 2000，北京，中国林业出版社
宋延龄，李善元. 海南坡鹿的食性研究. 兽类学报，1992，12（4）：248-254
宋延龄，曾治高，张坚，王学杰，巩会生，王宽武. 秦岭羚牛的家域研究. 兽类学报，2000，20（4）：241–249
宋延龄，曾治高. 秦岭羚牛的集群类型. 兽类学报，1999，19（2）：81-88
孙儒泳. 动物生态学原理（第二版）[M]. 北京：北京师范大学出版社，1991
田华健，陈崇华. 牛羚的饲养与繁殖. 动物园年刊，1979，（2）：56-60
汪松. 中国濒危动物红皮书（兽类）. 北京：科学出版社，1998：215-217.
王戎疆. 粪便DNA分析技术在动物生态学中的应用. 动物学报，2001，47（6）：699-703
王思博. 蒙古国大戈壁稀有野生动物自然保护区简介. 西北五省（区）野生动物保护委员会文件，1993

魏万红，樊乃昌，周文扬，杨生妹，曹伊凡. 繁殖期高原鼠兔的攻击行为. 动物学报，2000，46（3）：278-286

阎彩娥，蒋志刚，李春旺，曾岩，谭妮妮，夏述忠. 雌性川金丝猴（Rhinopithecus roxellana）的邀配行为与雌二醇水平的相互关系及其在妊娠期的生物学意义. 动物学报，2003，49：736-741

阎彩娥，蒋志刚，李春旺，曾岩，谭妮妮，夏述忠. 利用尿液中的性激素含量监测雌性川金丝猴（Rhinopithecus roxellana）的月经周期和妊娠. 动物学报，2003，49：693-697

尹秉高，刘务林. 西藏珍稀野生动物与保护. 北京：中国林业出版社，1993：90-91

于孝臣，萧前柱. 黑河林区驼鹿的食物组成及其季节变化. 兽类学报，1991，11（3）：258 -265

于孝臣，萧前柱，张明海. 黑河林区驼鹿冬季食性研究. 动物学研究，1990，13（3）：263- 270

余玉群，宋延龄，高风岐，巩会生，范海渤，马运良. 秦岭羚牛繁殖期和产仔行为研究. 西北大学学报，1995，25：658-662

曾治高，宋延龄. 羚牛防御行为的观察. 兽类学报，1998，18（1）：8-14

曾治高. 秦岭羚牛的食性. 动物学杂志，2001，6（3）：36-44

张海明，肖前柱. 冬季马鹿采食生境和卧息生境选择的研究. 兽类学报，1990，10（3）：175-183

张莉，袁磊. 世界野双峰驼各分布区食性分析. 新疆环境保护，1997，3：60-64

郑生武，高行宜. 中国野驴的现状、分布区的历史变迁原因探讨. 生物多样性保护，2000，8（1）：81-87

郑生武主编. 中国西北地区珍稀濒危动物志. 北京：中国林业出版社，1994

中国科学院西北高原生物研究所（编著）. 青海经济动物志. 西宁：青海人民出版社，1989

Achuff P L, Petocz R. Prelam inary resource inventory of the Arjin Mountains Nature Reserve, Xinjiang, Peoples Republic of China. World Wilde Fund for Nature, 1998. 25-34

Adlercreutz H, Fotsis T, HeikkinenR. Current state of the artin the analysis of estrogens. Proceedings of the symposium on the analysis of steroids. Hungary Eger. 1981

Adlercreutz H, Jarvenpaa P. Assay of estrogens in human feces. Steroid J Biochemistry, 1982, 17：639-645

Allee W C. Animal aggregation：A study in general sociology. Chicago：University of Chicago Press, 1931

Allen G M., The Mammals of China and Mongolia. American Museum of Natural History, New York, 1940：1279-1287

Asa C S, Mech L D, Seal U S,Plotca E D. The influence of social and endocrine factors on urine-marking by captive wolves （Canis lupus）. Horm Behav, 1990, 24：497-509

Bamberg E, Choi HS, Most l E, Wurm W, Lorin D, Arbelter K. Enzymatic determination of unconjugated oestrogens in faeces for pregnancy diagnosis in mares. Equine Vet J, 1984, 16：537-539

Bamberg E, Most l E, Wurm W, Choi H S. Confirmation of pregnancy in mares and cattle by determination of estrogens in faeces. Procth In Congran imreprod artifInsemin, 1984, 1：75（Abstr.）

Bannikov A. Zur Biologie des Kulans. Z. f. Saugertiek, 1958, 23：157-168

Bellanca R U, Crockett CM. Male pigtailed macaques neonatally separated from mothers for clinical reasons show increased abnormal behavior as adults. American Journal of Primatology, 2001, 54（Suppl 1）：520-531

Bellanca R U. Crockett CM Factors predicting increased incidence of abnormal behavior in male pigtailed macaques. American Journal of Primatology, 2002, 58（2）：657-691

Bennett LJ, PF English &R McCain. A study of deer populations by use of pellet group counts. J Wildlife

Manage, 1940, 4：398-403

Berger J. 1983. Induced abortion and social factors in wild horses. Nature, 303, 59-61

Berger J. Wild Horses of the Great Basin. Social Competition and Population Size. Wildlife and Ecology Series. University of Chicago Press, Chicago, IL, 1986：326

Berman C M, Li J H. Impact of translocation, provisioning and range restriction on a group of Macaca thibetana. International Journal of Primatology, 2002, 23（2）：383-397

Bouman D.T. and Bouman J.G., Report on the semi-reserves project IUCN/WWF no. 3077. In：S. Seifert（Editor）, Proc. of the 5th Int. Symp. on the Preservation of the Przewalski Horse, Zoologische Garten Leipzig, Leipzig, Germany, 1992：184-190

Bouman J., Bouman I. and Groeneveld A. Breeding Przewalski horses in captivity for release into the wild. Foundation for the Preservation of the Przewalski Horse, Rotterdam, Netherlands, 1982

Boyd L.E. and Houpt K.A. Przewalski' s Horse：The History and Biology of an Endangered Species. State University of New York Press, Albany, USA, 1994：313

Boyd L.E., Carbonaro D.A. and Houpt K.A. The 24 hour time budget of Przewalski horses. Appl. Anim. Behav. Sci., 1988, 21：5-17

Boyd L.E., The behaviour of Przewalski' s horses and its importance to their management. Appl. Anim. Behav. Sci., 1991, 29：301-318

Boyd L.E., Time budgets of adult Przewalski horses：effects of sex,reproductive status and enclosure. Appl. Anim. Behav. Sci., 1988, 21：19-39

Brent L, Foley D M,Koban T. Abnormal behavior in baboons（Papio hamadryas anubis sp）during the post part umperiod. American Journal of Primatology, 2001, 54（Suppl 1）：88-89

Brown J L, WAsser SK, Wildt DE,Graham LH. Comparative aspects of steroid hormone metabolism and ovarian activity in felids, measured non invasively in feces. Biology of Reproduction, 1994, 51：776-786

Brown J L, Wildt D E, Graham L H, Byers A P, Collins L, Barrett S,Howard J. Natural versus chorionic gonadotrophin induce ovarian responses in the clouded leopard（Neofelis nebulosa）Assessed by fecal steroid analysis. Biology of Reproduction, 1995, 53：93-102

Brown J L, Wildt D E, Wielebnowski N, Goodrowe K L, Graham L H, Wells S, Howard J G. Reproductive activity in captive female cheetahs（Acinonyx jubatus）Assessed by faecal steroids. Reproduction and Fertility, 1996, 106：337-346

Brown J L, Wildt D E. Assessing reproductive status in wild felids by non invasive faecal steroid monitoring. Int Zoo YB, 1997, 35：173-191

Burger J, Cochfek M, Factors affecting vigilance in springbok：importance of vegetative cover, location in herd and herd size. Acaa Elhologic, 2000, 2：97-104

Carosi M, Heistermann M, Visalberghi E. Display of proceptive behaviors in relation to urinary and fecal progestin level sover the ovarian cycle in female tufted capuchin monkeys. Hormone and Behavior, 1999, 6：252-265

Caughley G. and Sinclair A.R.E. Wildlife Ecology and Management. Oxford：Blackwell Scientific Publication. 1994：334

Choi H S, Most l E, Bamberg E. Confirmation of pregnancy in mares by enzyme immunoAssay of estrogens in feces. Zentral Veterinaermed Reihe A, 1985, 32：760-763

Chunwang Li, Zhigang Jiang,Guohua Jiang, Jiming Fang. Seasonal Changes of Reproductive Behavior and

Fecal Steroid Concentrations in Pere David' s Deer. Hormones and Behavior, 2001,40：518-525

Clarke I J, Boughton B W. Effect of various anaesthetics on resting plasma concentrations of luteinizing hormone, follicle stimulating hormone and prolactin in ovariectomized ewes. Endocrinology, 1983, 98：79-89

Corbet G B. The mammals of the Palaearctic Region：a taxonomic rveiew. Brit. Mus. （Nat. Hist.）, London and Ithaca, 1978：193-195

Corbet G.B and Hill J.E. The mammals of the Indo-Malayan Region：a systematic review. National History Museum Publications. Oxford Univ.Press,1992

Czekala N M, Durrant B S, Callison L, Williams M,Millard S. Fecal steroid hormone analysis asan indicator of reproductive function in the cheetah. ZooBiology, 1994, 13：119-128

Danilkin A, Hew ison A J M. Behavioral ecology of Siberian and European roe deer. Chapman and Hall, London, New York. 1996：149-199

David Saltz, Mary Rowen and Daniel Rubenstein. The Effect of Space-Use Patterns of Reintroduced Asiatic Wild Ass on Effective Population Size. Conservation Biology, 2000, 14（6）：1852-1861

Desaulniers DM, Goff AK, Betteridge KJ, Rowell JE, Flood PF. Reproductive hormone concentrations in faeces during the oestrous cycleand pregnancy in cattle（Bost aurus） and muskoxen（Ovibos moschatus）. Canadian Zoology, 1990, 67：1148-1154

Dill L M, Houtman R. The influence of distance to refuge on flight initiation distance in the gray squirrel（Sciarus carolinensis）. Canadian Journal of Zoology, 1989, 67：233-235

Duncan P. Time budgets of Camarque horses. II. Time budgets of adult horses and weaned sub adults. Behaviour, 1980.72：26-49

Duncan P. Zebras, Asses,and horses：An action plan for the conservation of wild equids. IUCN/SSC Equid Specialist Group, Gland, Switzerland. 1992

Duncan P., Horses and grAsses：The nutritional ecology of equids and their impact in the Camarque. Ecological Studies. Springer, Berlin. 1992

Eisenmann V. and Shah N. Some Craniological observations on the Iranian, Transcaspian, Mongolian and Indian hemiones in： F. Rietkerk, K. Brouwer and S. Smits（eds.）, European Endangered Species Programme（EEP）Yearbook 1995/96 including proceedings of the 13th EEP Conference, Saumer, 1996. 20-24 June 1996. EAZA Executive Office, Amsterdam

Ellerman J R, Morrison Scott T C S, Checklist of Palaearctic and Indian mammals. Brti.Mus.（Nat.Hist）, London, 1951. 338-342

ErikssonH, GustafssonJ, Sjovall J. Excretion of steroid hormones in adults. European J Biochemistry, 1970, 12：520-526

Fadem B H, Erianne G S, Karen L M. The hormonal control of scent marking and precopulatory behavior in male gray short taile dopossums （Monod elphisdomestica）. Hormones and Behavior, 1989, 23：381-392

Fadem B H. The effects of gonadal hormones on scent mark in gand related behavior and morphology in female grays hort taile dopossums （Monod elphisdomestica）. Hormones and Behavior, 1990, 4：459-469

Feh C, Boldsukh T. and Tourenq C. Are family groups in equids a response to cooperative hunting by predators? The Case of Mongolian Kulans（Equus hemionus luteus Matschie）. Rev. Ecol（Terre Vie）, 1994.49, 11-20

Feh C, Munkhtuya B, Enkbold S. and Sukhbaatar, T. Ecology and social structure of the Gobi Khulan （Equus hemionus subsp.） in the Gobi B National Park, Mongolia. Biological Conservation, 2001, 101：51-61

Fern andez-Juricic E, Schroeder N, Do variations in scanning behavior affect tolerance to human disturbance? Applied Animal Behaviour Science, 2003,84： 219-234

Frid A, Dill LVI, 2002. Human-caused disturbance stimuli as a form of predation risk. Conservation Ecology, 6 （I） ：1-12.

Fuller G B, Hobson W C, Reyes F I, Winter J SD, Faiman C. Influence of restraintand ketamine anaesthesia on adrenal steroids, progesterone and gonadotrophins in rhesus monkeys. Proc Soc Exper Bio Med, 1984, 175：487-490

Gamier T S, Green DI, Pic：kard AR, Shaw H,J, Holt WV. Non-invasive diagnosis of pregnancy in wild black rhinoceros （Diceros bicornis minor ） by faucal steroid analysis. Reproduction and Fertility Development, 1998, 10：451- 458

Gee, E.P. The Indian Wild Ass： A Survey. J. Bombay Natural History Society, 1963, 60 （3） ：517-529

Genneraad P., van Dierendonck M.C. and Wallis de Vries M.F., Standaard rapport Hustain NUNU Steppe Reserve Mongolia. DGIS, Den Haag, Netherlands/FRPH. Rotterdam, Netherlands. 1993

George B. Schaller,康蔼黎,蔡新斌,刘炎林. 藏羚羊雌性种群的迁徙行为和产仔行为（英文）. 兽类学报，2006，26（2）：105-113

Gertrud, Helmut Denzau. Wildesel [M]. Jan Thorbecke Verlag, 1999

Ginsberg, J.R. The ecology of female behaviour and male mating success in the Grévy’s zebra, Equus grevyi. Symp. Zool. （Lond.） Soc., 1989. 61：89-110

Gosling LM, Snlherlanclw, Behaviour and Conservation. Cambridge：Cambridge University Press. 2002：51-64

Goyal, S.P., Sinha, B., Shah, N. and Panwar, H.S. Sardar Sarovar Project – a conservation threat to the Indian Wild Ass （Equus hemionus khur）. Biological Conservation, 88, 1999：277-284.

Graham L H, Goodrowe K L, Raeside J I, Liptrap R M. Noninvasive monitoring of ovarian functionins ever alfelid species by measurement of fecal estradiol and progestins. Zoo Biology, 1995, 14：223-237

Gray D R. Interactions between wolves and muskoxen on Bathurst Island, N. W. T. , Canada. Acta Zoologica Fennica, 1983. 174：255-257

Groves, C. Horses, Asses and Zebras in the Wild. David and Charles, Newton Abbot, London. 1974

Groves, C.P., Mazak, V. On some taxonomic problems of Asiatic Wild Asses； with the description of a new subspecies （Perissodactyla, Equidae）. Z. Saugetierk, 1967,32 （6） ：321-355

Gurelov Yu, K. Situation with the Badkhys populations of Ungulates in 1998. VI congress of the All-Russia Theriological Society, Abstracts, Moscow, RAS. 1999

Gutzwiller KJ, Wiedemann RT, Clements KL, Anderson SH, Effects of human intrusion on song occurrence and singing consistency in subalpine birds. Auk I I I： 1994：28-37

H.S.Singh, B. H. Patel, R. Parvez, V.C. Soni, N. Shah, K. Tatu, D. Patel. Published by GEER Foundation,Gandhinagar, Gujurat. Pp.300. 1999

Harper F.. Extinct and vanishing mammals of the old world. Spec. Amer. Comm. Wildl. Protect, 1945,12：849

HAss CC, Valenznela D, Anti predator benefits of group living in white nosed coatis nasua nasua Behavioral Ecology and Sociobiology, 2002,51：570-578

Hearney A W, Jennings T J. Annuals foods of the red deer （Cervus elaphus） and the roe deer （Cap reolus capreolus）in the east of England.. Zool, 1988,201： 565-570

Heistermann M, Mohle U, Vervaeche H, Elsacher LV, Hodges JK. Application of urinary and fecal steroid measurements for monitoring ovarian function and pregnancy in the bonobo（Panp aniscus） and evaluation of erineal swelling patterns in relation to endocrine events. Biology of Reproduction, 1996, 55：844-853

Hindle J E, Hodges J K. Metabolism of oestradiol 17 β and progesterone in the white rhinoceros （Ceratotherium simum simum） . Reproduction and Fertility, 1990, 90：571-580

Hobbs S N. Composition and quality of elk winter foods in Colorado. Journal of Wild life Management, 1981,45：156-171

Honhold, N. Livestock population and productivity and the human population of Mongolia, 1930-1994. Ministry of food and Agriculture, Ulaanbaatar, Mongolia. 1995

Hook M A , Lambeth S P , Perlman J E , Stavisky R , Bloomsmith M A , Schapiro S J. Inter 2 group variation in abnormal behavior in chimpanzees （ Pan troglodytes） and rhesus macaques （ Macaca mulatta） Applied Animal Behavior Science, 2002, 76 （2） ：165-1761

Hunter LT B, Skinner JD, Vigilance behaviour in African ungulates： the role of predation pressure. Behaviour, 1998,135：195-211

JarmanM V, Jarman P J. 1973. Daily activity of impala [J]. E AfrW ildl J , 11：75-92

Jarrige, R. Martin-Rosset, W., Le Cheval： reproduction, selection alimentation, exploitation. INRA, Paris, 1987：333-355,645-651,661-683

Joseph L. Fox Density of Tibetan antelope , Tibetan Wild Ass and Tibetan gazelle in relation to human presence across the Chang Tang Nature Reserve of Tibet. Acta Zoologica Sinica. 2005,51 （4） ：586-597

Joyce E. Hofmann, Lowell L. Getz. Levels of Female Aggressiveness in Fluctuating Populations of Microtus ochrogaster and M. pennsylvanicus. Acta Theriologica sinica. 2004,24 （2）125-131

K.A. Houpt （Editors）, Przewalski' s Horse： The History and Biology of an Endangered Species. State University of New York Press, Albany, New York：313

Kaseda Y., Seasonal changes in time spend grazing and resting of Misaki horses. Jpn. J. Zootech. Sci., 1983,54：464-469

Kebede, F. Ecology and conservation of the African Wild Ass（Equus africanus）in the Danakil, Ethiopia. MSc thesis, University of Kent, England. 1999：79

Khachar, L.K. Study on the Biosphere Reserve in the Gulf of Kutch, Report. Centre for Environment and Education, Ahmedabad. 1994

Kilingel, H. Observations on social organization and behavior of African and Asiatic Wild Asses （Equus africanus and hemionus） . Z. tierpsychol. , 1977,44：323-331

Kirkpatrick ,JF, Gudermuth DF, Flagan RL, Mccarthy ,JC, Lasly BL. Remote monitoring of ovulation and pregnancy of Yellowstone bison, J Wildlife Management, 1993, 57 （2） ：407-411

Kirkpatrick JF, Shideler SE, Lasly BL,Turner JW, Jr. Pregnancy determination in uncultured feral horses based on steroid metabolites in urine soaked snow and free steroid in feces. Canadian Zoology, 1990,68：2576-2579

Kirkpatrick JF, Shildeler SE, Lasley BL, Turner JW, Jr. Pregnancy determination in uncaptured feral horses by means of fecal steroid conjugates. Theriogenology, 1991,35： 753-761

Klimov, V.V., Spatial-ethological organization of the herd of Pt-zewalski horses （Eguus przewalskii） in Askania-Nova. Appl. Anim. Behav. Sci., 1988,21： 99-115

Klingel H. Observations on social organization and behavior of African and Asiatic Wild Asses （Equus africanus and E. hemionus） Z. Tierpsychol. 1977,44： 323-331

Kolter, L. and Zimmennann, W., Social behaviour of Przewalski horses （Equus p. przewalskii） in the Cologne Zoo and its consequences for management and housing. Appl. Anim. Behav. Sci., 1988,21： 117-147

Krebs C J, Davies N B. An introduction to behavioral ecology [M] .Oxford： Blackwell Scientific Publications, 1993

Kuznetsov, V. 1999. Kulans of Turkmenistan–area and number in the 90-th. Unpublished manuscript. 1968

Laatikainen T, Vihko R.I dentification of C219 and C221 steroids in monoandd is ulfate fractions of human feces. European J Biochemistry, 1970,13： 534-538

Leboucher A., Behavioural study of the Przewalski Stallions living in the semi-reserve of the Goudplaat, Netherlands. Int. Rep., FRPH, Rotterdam, Netherlands. 1992

Lee J.D. and Lee T.D., Statistics and Numerical Methods in BASIC for Biologists. Van Nost Rheinholt, London. 1982

Lehner P.N., Handbook of Ethological Methods. Garland STPM Press, New York, 1979： 403

Li Chunwang, Jiang Zhigang, Zeng Yan. Relationship between Serum Testosterone, Dominance and Mating Success in Pere David`s Deer Stags. Ethology. 2004,110： 681-691

Lima SL, Bednekoff PA, Back to the basics of antipredatory vigilance： can nonvigilant animal detect attack? Animal Behaviour. 1999. 58： 537-543

Lima SL, Dill LM, Behavioral decisions made under the risk of predation： a review and prospectus. Canadian Journal of Zoology. 1990,68： 619-640

Lima SL, Zollner PA, Towards a behavioral ecology of ecological landscapes. Trend in Ecology and Evolution 11, 1996： 131-135

Lingle S, Wilson WF, Detection and avoidance of predators in white tailed deer Odocoileus virginianus anal mule ulcer 0. hemionus. Ethology, 2001.107： 125-147

Loehle C. and Rittenhouse L.R., An analysis of forage preference indices. J. Range Manage, 1982,35： 316-319

Mac Fadden, B. Fossil Horses： Systematics, Paleobiology and Evolution of the Family Equidae. Cambridge University Press, Cambridge.1992

Mallon D.P., Bold A., Dulamtseren S., Reading R. and Amgalanbaatar S. Mongolia. Pp. 193-201 in： Wild sheep and goats and their relatives： status survey and conservation action plan for Caprinae （ed. D. Shackleton） . IUCN, Gland, Switzerland. 1997

Martin P, Bateson P. Measuring behaviour, an introductory guide. 2nd ed. Cambridge UK. Cambridge University Press, 1993

Mathur D. Food habits and competitive relationships of the bandfin shiner in Halawakee Creek, Alabama . The American Midland Naturalist, 1977,97： 89-100

Mayumi Yokoyama, Koichi Kaji and Masatsugu Suzuki Food habits of sika deer and nutritional value of sika deer foods in eastern Hokkaido, Japan Ecological Research, 2000,15 （3） ： 345-350

Mcadam AG, Kramer DL, Vigilance as a benefit of intermittent locomotion in small mammal. Animal Behaviour. 1998,55：109-117

Mellin T N, Erb R E. Estrogen metabolism and excretion during the bovine estrous cycle. Steroids, 1966,7：589-606

Miller MW, Hobbs NT, Sousa MC. Detecting stress responses in Rocky Mountain bighorn sheep （Ovis canadensis canadensis）：reliability of cortisol concentrations in urine and feces. Canadian Zoology, 1991,69：15-24

Mongolia Takhi Strategy and Plan Work Group, Recommendations for Mongolia' s Takhi strategy and plan （released 1995）. MTSPWG （sponsored by Mongolian government and UNDP）, Mongolian Ministry of Nature and Environment, Ulaan Baatar, Mongolia. M.C. van Dierendonck et al./Applied Animal Behaviour Science 1993,50 （1996）95-114

Most l E, Choi HS, Wur W, Lsmai lN, Bamber E. Pergnancy diagnosis in cows and heifers by determination of oestradiota in faeces. Br Vet J, 1984,140：287-291

Muller F.V. and Janzen J. Die landliche Mongolei heute：Mobile Teirhaltung von der Kollektiv-zur Privatwirtschaft. Geogr. Rundschau, 1997,49（5）：272-278

Oakenfull E.A., Lim H.N. and Ryder O.A. A survey of equid mitochondrial DNA：implications for the evolution, genetic diversity and conservation of Equus. Conservation Genetics, 2000：341-355

Palitha Jayasekara and Seiki Takatsuki. Seasonal food habits of a sika deer population in the warm temperate forest of the westernmost part of Honshu, Japan. Ecological Research, 2000（15）：153-157

Patricia D. Moehlman Equids. Zebras, Asses and Horses. Status Survey and Conservation Action Plan, IUCN/SSC Equid Specialist Group, 2002：62-70

Patricia D. R, 1976, Behavior and ecology of feral Asses （Equus asinus.）. University Microfilms-xerography, xv：242-251

Patrick Duncan IUCN/SSC Equids Specialist Group. Zebras, Asses, and Horses. IUCN, Gland, Switzerland, 1992

Pavlov, M. Translocations of Kulans in the former Soviet Union. Reintroduction News, IUCN, 1999.Gland, Switzerland.

Pelliot, Histoire secrète des Mongols. Academie des Inscriptions et Belles Lettres, CNRS, Paris, 1949

Phillips GE, Alldredge AW, Reproductive success of elk following distubance by humans during calving season. Journal of Wildlife Management, 2000,64：521-530

Piatt JF, Roberts BD, Lidster WW,Wells JL, Hatch SA, Effects of human disturbance on breeding least and crested anklets at St. Lawrence Island, Alaska. Auk, 1990,107：342-350

Pollock J.L, Behavioural ecology and body condition changes in New Forest Ponies. Sci. Publ. No. 6, Royal Society for the Protection of Animals. 1980

Prins R A , Gellenl M J H. Rumen characteristics of red deer, fallow deer and roe deer. Journal of Wild life Management, 1971,35：670-680

Quenette PY, Functions of vigilance in mammals：a review. Acta Oecologica . 1990, 11：801-818

Rashek, V.A. Reproduction of Wild Ass and its behaviour during rutting time on the Barsa- Kelmes Island. ByullMoskob-va ispytperiodyBiol（In Russian）. 1973,78：26-41

Reading R., Mix H., Namshir Z. and Kane D. Status of Kulan （Equus hemionus） in Mongolia. Unpublished manu. 1998

Reading R., Mix H.M., Lhagvasuren B., Feh C., Kane D.P., Dulamtseren S. and Enkhbold S. Status and distribution of khulan （Equus hemionus） in Mongolia. J. Zool. Lond. 2001,254：381-389

Reading R.P., Amgalanbaatar S. Mix H. Recent conservation activities for argali （Ovis ammon） in Mongolia, part 1. Caprinae News, August, 1998：1-3

Reading R.P., Amgalanbaatar S., Mix H. Lhagvasuren B. Argali Ovis ammon surveys in Mongolia’s South Gobi. Oryx, 1997,31：285-294

Reby D, Cargnelutti B, Hewison AJM, Contexts and possible functions of barking in roe deer. Animal Behaviour, 1999,57：1121-1128

Repasky RR, Using vigilance behavior to test whether predation promotes habitat partitioning. Ecology, 1996,77：1880-1887

Riney T., Study and Management of Large Mammals. John Wiley, Salisbury, UK. 1982

Risler L, WAsser SK, Sac kett GP. Measurement of excreted steroids in Macacanemestrina. American Primatology, 1987,12：91-100

Roberts C, Why individual vigilance declines as group size increases. Animal Behaviour, 1996,51：1077-1086.

Rose LM, Fedigan LM, Vigilance in white-faced capuchins Cebus capacinus in Costa Rica. Animal Behaviour, 1995,49：63-70

Rubenstein D, Ecology and sociality in horses and zebras. Pp. 282-302 in： Ecological Aspects of Social Evolution （eds. D. Rubenstein and R. Wrangham）. Princeton University Press, Princeton, New Jersey. 1986

Rudman R. and Keiper R.R., The body condition of feral ponies on Assateague island. Equine Vet. J., 1991,23（6）：453-456

Ryder O. and Chemnick L. Chromosomal and molecular evolution in Asiatic Wild Asses. Genetica, 1990,83：67-72

Ryder O.A., Genetic studies of Przewalski’s horses and their impact on conservation. In： L.E. Boyd and 1994

Safar Herman N, Ismai MN, Choi HS, Most l E, Bamberg E. Pregnancy diagnosis in zooanimals by estrogen determination in feces. Zoo Biology, 1987,6：189-194

Salter R.E., Ecology of feral horses in western Alberta. Thesis, University of Alberta, Edmonton, 1978：233

Saltz D. and Rubenstein D. Population dynamics of a reintroduced Asiatic Wild Ass （Equus hemionus） herd Ecological Application, 1995,5（2）：327-335

Saltz D., Rowen M. and Rubenstein D. In prep. Space use patterns and their socio-biological consequences in reintroduced Asiatic Wild Ass （Equus hemionus）. 1993

Sandberg AA, Slaunwhite WR Jr. Studies on phenolic steroids in human subjects. Ⅱ.The metabolic fate and hepato-biliaric centeric circulation of C14-estradiol in women. Clin Invest, 1957,36：1266-1278

Schaller G.B. Wildlife of the Tibetan Steppe . The University of Chicago Press, Chicago and London. 1998：373

Schwarzenberger F, Francke R, Goltenboth R. Concentrationsoffaeced immunore active progestagen metabolites during the oestrous cycleand pregnancy in the black rhinoceros （Dicerosbicorn ismichaeli）. Reproduction and Fertility, 1993, 98：285-291

Sempéré A.J. and Pereladova O.B. Protection and management of Kulans （Equus hemionus kulan） in

Turkmenistan. Report on a mission for IUCN/Equid Specialist Group. 1993

Shaffer, M.L. Minimum population sizes for species conservation. Bioscience. 1981, 31：131-137

Shagdarsuren O., Jigj S., Tsendjav D., Dulamtseren S., Bold A., Munkhbaya Kh., Dulmaa A., Erdenjav G., Ulziikhutag Kh., Ligaa U. and Sanchir C. In Press. Red Book of the Mongolia People' s Republic, 2nd Ed. State Publishing House, Ulanbaatar, Mongolia

Shah N. Status survey of southern kiang（Equus kiang polyodon）in Sikkim [M]. Baroda Gujarat：Faculty of science, Maharaja Sayajirao University. 1994

Shah N.V. Ecology of Wild Ass（Equus hemionus khur）in Little Rann of Kutch. PhD thesis, M.S. University of Baroda. 1993

Shah N.V. Mammalian Diversity in Little Rann of Kutch, Gujarat, India. Report Gujarat Ecological and Education Foundation, Gandhinagar, Gujarat. 1998

Shah N.V. Mammalian Diversity in Little Rann of Kutch, Gujarat, India Report Gujarat Ecological and Education Foundation, Gandhinagar, Gujarat. 1998

Shah N.V. Mammals in：Ecological study of Wild Ass sanctuary Little Rann of Kutch：109-150

Shah N.V. Status of captive Wild Ass（Equus hemionus khur）in the Indian Zoos. Report Stamm-Stifung Oberwil, Switzerland. 1996

Shideler SE, Ortuno AM, Moran FM, Moorman EA, Lasley BL. Simple extraction and enzyme immunoAssays for estrogen and progesterone metabolites in the fecesof Macaca fascicular is during non conceptive and conceptive ovarian cycles. Biology of Reproduction, 1993,48：1290-1298

Shideler SE, Savage A, Ortuno AM, Moorman EA, Lasley BL. Monitoring female reproductive function by measurement of fecal estrogen and progesterone metabolites in the white faced saki（Pithecia pithecia）. American Primatology, 1994,32：95-108

Shille V M, Kollias G V, Thatcher M J, Waterman S. Determination of reproductive tatusin the serval and bobcat using avalidated, direct radioimmunoAssay of fecal estradiol. Biology of Reproduction, 1991,44：121

Shirevdamba T., Shagdarsuren O. and Erdenejav G.（eds.）. Mongolian Red Book. Ministry for Nature and Environment, Ulaan Baatar. 1997

Sinha B.C. Impact of Landuse on the Ecodegradation of the wild Ass Habitat in Little Rann of Kutch, Gujarat. PhD thesis submitted to Hemvati Nandan Bahuguna University, Srinagar, Garhwal. 1993

Sist M D, Youngblood M A, Williams JF. Using fecal oestrone sulphate concentrations to detect pregnancies. Vet Med, 1987,82：1036-1043

Skiff Hogan E., Houpt K.A. and Sweeney K., The effect of enclosure size on social interactions and daily activity patterns of the captive Asiatic Wild Horse （Equus przewalskii）. Appl. Anim. Behav. Sci., 1988,21：147-168

Sokal R.R. and Rohlf F.J., Biometry. W.F. Freeman and Co., New York, USA. 1981.

Solomatin A.O. The Wild Ass Moscow. Academia Nark （in Russian）. 1973

Spanner A, Stone G M, Schultz D. Excretion profiles of some reproductive steroids in the faeces of captive Nepalese red panda （Ailurus fulgens fulgens）. Reproduction and Fertility Development, 1997,9：565-570

Staines B W. 1976. The use of nature shelter by red deer （Cervus elaphus） in relation to weather in north east Scotland. J Zool （London）, 180：1-8

Steidl RJ, Anthony RC, Experimental effects of human activity on breeding Bald Eagles. Ecological Applications, 2000,10：258-268

Tatin L., Darreh-Shoori B., Tourenq C., Tatin D., Azmayesh B., Zeh-Zad B. and Rezahi. Preliminary study on the etho-ecology of Onagers, Equus hemionus onager. Report of the March 2000 expedition in Touran, NE Iran. Unpublished manu. 2001

Taylor W. The excretion of steroid hormone metabolites in bile and feces. Vitam Horm, 1971,29：201-285

Terqui M, Rombauts P, Fevre J. Repartition urinaireetfe calede1. excretion desoes trogenes chez latruieet labrebis. Ann Biol Anim Biochim Biophys, 1968,8：339-348

Troves A, Theory and method in studies of vigilance and aggregation. Animal Behaviour, 2000,60：711-722

Tyler S.J., The behaviour and social organisation of the New Forest ponies. Anim. Behav. Monogr., 1972,5：85-196

Van Dierendonck, M.C. and Wallis de Vries, M.F., Comments to ‘Reintroduction of Wild Horses in Mongolia’. Reintroduction News, 1995,11：19-20

Van Dierendonck, M.C. and Wallis de Vries, M.F., Ungulate reintroductions：experiences with the Takhi or Pnewalski Horse （Equus ferus przewalskii） in Mongolia. Conserv. Biol., 1996,10：728-740

Van Dierendonck, M.C., de Vries, H. and Schilder, M.B.H., An analysis of dominance, its behavioural parameters and possible determinants in a herd of Icelandic horses in captivity. Neth. J. Zool., 1995,45 （3-4）：362-385

Verhulst S, Ooslerbeek K, Ens BJ, Experimental evidence of effects of human disturbance on foraging and parental care in oystercatchers. Biological Conservation, 2001,101：375-380

Volf J., Pedigree Book of the Przewalski Horse. Zoological Garden, 1988：1207-1312

Volf J., The studbook. In：L.E. Boyd and K.A. Houpt （Editors）, Przewalski’s Horse：The History and Biology of an Endangered Species. State University of New York Press, Albany, New York, 1994：313

Wallis de Vries, M.F., Manibazar, N. and Wgerlham, S., The vegetation of the forest steppe region of Hustain Nuruu, Mongolia. Vegetatio, 1996,122：111-127

Walther FR, Flight behaviour and avoidance of predators in Thomson’s gazelle （Gazaella thonsoni：Guenther 1884）. Behavionr, 969,34：184-221

Wang X M, Schaller G B. Status of Large Mammals in Western Inner Mongolia, China. East of China Nomal Univ., 1996,12：93-104

WAsser S K, Monfort S L, Wildt D E. Rapidextraction of faecal steroids for measuring reproductive cyclicity and early pregnancy in free ranging yellow baboons（Papio cynocephalus cynocephalus）. J Reproductionand Fertility, 1991,92：415-423

WAsser SK, Monfort SL, Southers J, Wildt DE. Excretion rates and metabolites of estradiol and progesterone in baboon （Papio cynocephalus cynocephalus） faeces. Reproduction and Fertility, 1994,101：213-220

WAsser SK, Risler L, Steiner RA. Excreted steroids in primate feces over the menstrual cycleand pregnancy. Biology of Reproduction, 1988,39：862-872

WAsser SK, Thomas R, Nair PP, Guidry C, Southers J, Lucas J, Wildt DE, MonfortSL. Effects of dietary fibre on faecal steroid measurements in baboons （Papio cynocephalus cynocephalus）. Reproductionand Fertility, 1993,97：569-574

WAsser SK. Reproductive control in wildbaboons measured by fecal steroids. Biology of Reproduction, 1996,55：393-399

Wemmer C, Sociology and management. In： Beck BB, Wemmer C ed. The Biology and Management of an Extinct Species, Pcre David's Deer. Sew Jersey：Noyes Publications, 1983：126-132

Wetzel J F, et al. Appraisal of White-tailed deer winter habitats in northeastern Minnesota. Wild l. Manage. 1975,39：59-66

Wiles, GJ, Weeks HP. Barking behaviour in Indian muntjacs Muntiacus muntjac. Journal of MLammalogy, 1981,62：208-211

Worchel S, Shebilske W. Psychology： Principles and Applications, 2nd edn. New Jersey： Englewood Cliffs, Prentice Hall, 1986：583-584

Xiaoming Wang , Helin Sheng , Junhui Bi , Ming Li . Recent history and status of the Mongolian gazelle in Inner Mongolia , China .Oryx, 1997,31（2）：120-126

Xiaoming, W. and Schaller, G.B. Status of Large Mammals in Western inner Mongolia, China. J. of East China Normal Univ., 1996,12：93-104

Zehr JL, Maestripieri D, Wallen K. Estradiol in creases female sexual initiation in dependen to male responsive ness in rhesusmonkeys. Hormonesand Behavior, 1998,33（2）：95-103

Ziegler TE, Scheffler G, Wittwer DJ, Schultz Darken N, Snowdon CT, Abbott DH. Metabolism of reproductive steroids during the ovarian cycle in two species of all itrichids, Saguius oedipus and Call ithrixjacchus, and estimation of the ovulatory period from fecal steroids. Biology and Reproduction, 1996,54：91-99

Ziegler TE, Sholl SA, Scheffler G, Haggerty MA, Lasley BL. Excretionofestrone, estradiol and progesterone in the urine and feces of the female cottontop tamarin（Saguinus Oedipus oedipus）. American Primatology, 1989,17：185-195

附录 I 内蒙古自治区蒙古野驴分布区植物名录

蕨类植物门 Pteridophyta		
卷柏科 Selaginellaceae	卷柏属 *Selaginella*	尖叶卷柏 *Selaginella tamariscina*
		垫状卷柏 *S. tamariscina*
		圆枝卷柏 *S. sanguinolenta*
木贼科 Equisetaceae	木贼属 *Equisetum*	问荆 *Equisetum arvense*
		林问荆 *E. asylvaticum*
		草问荆 *E. pratense*
		节节草 *E. ramosissimum*
		水木贼 *E. fluviatile*
		犬问荆 *E. palustre*
		木贼 *E. hyemale*
阴地蕨科 Botrychiaceae	阴地蕨属 *Botrychium*	扇羽阴地蕨 *Botrychium lunaria*
蕨科 Pteridiaceae	蕨属 *Pteridum*	蕨 *Pteridum aquilinum*
中国蕨科 Sinopteridaceae	粉背蕨属 *Aleuritopteris*	银粉背蕨 *Aleuritopteris argentea*
蹄盖蕨科 Athyriaceac	羽节蕨属 *Gymnocarpium*	欧洲羽节蕨 *Gymnocarpium dryopteris*
	冷蕨属 *Cystopteris*	冷蕨 *Cystopteris fragilis*
		欧洲冷蕨 *C. sudetica*
	短肠蕨属 *Allantodia*	黑鳞短肠蕨 *Allantodia crenata*
	蹄盖蕨属 *Athyrium*	中华蹄盖蕨 *Athyrium sinense*
		短叶蹄盖蕨 *A. brevifrons*
球子蕨科 Onocleaceae	荚果蕨属 *Matteuccia*	荚果蕨 *Matteuccia struthiopteris*
岩蕨科 Woodsiaceae	岩蕨属 *Woodsia*	心岩蕨 *Woodsia subcordata*
		岩蕨 *W. ilvensis*
		中岩蕨 *W. intermedia*
鳞毛蕨科 Dryopteridaceae	鳞毛蕨属 *Dryopteris*	香鳞毛蕨 *Dryopteris fragrans*
水龙骨科 Polypodiaceae	瓦韦属 *Lepisorus*	小五台瓦韦 *Lepisorus hsiawutaiensis*
	石韦属 *Pyrrosia*	华北石韦 *Pyrrosia davidii*
槲蕨科 Drynariaceae	槲蕨属 *Drynaria*	中华槲蕨 *Drynaria sinica*
裸子植物门 Gymnospermae		
松科 Pinaceae	云杉属 *Picea*	青扦 *Picea willsonii*
		白扦 *P. meyeri*
	落叶松属 *Larix*	华北落叶松 *Larix principis-rupprechtii*
柏科 Cupressaceae	侧柏属 *Platycladus*	侧柏 *Platycladus orientalis*
	圆柏属 *Sabina*	圆柏 *Sabina chinensis*
		祁连圆柏 *S. przewalskii*
		兴安圆柏 *S. davurica*
		叉子圆柏 *S. vulgaris*

（续）

裸子植物门 Gymnospermae		
柏科 Cupressaceae	刺柏属 *Juniperus*	杜松 *Juniperus rigida*
麻黄科 Ephedraceae	麻黄属 *Ephedra*	草麻黄 *Ephedra sinica*
		木賊麻黄 *E. equisetina*
		斑子麻黄 *E. rhytidosperma*
		单子麻黄 *E. monosperma*
		膜果麻黄 *E. przewalskii*
		中麻黄 *E. intermedia*
被子植物门 Angiospermae		
杨柳科 Salicaceae	杨属 *Populus*	胡杨 *P. euphratica*
		箭杆样 *P. nigra*
		山杨 *P. davidiana*
		兴安样 *P. hsinganica*
		青杨 *P. cathayana*
		小叶杨 *P. simonii*
	杨属 *Salix*	五蕊柳 *Populus pentandra*
		白杨 *S. alba*
		密齿柳 *S. characta*
		毛蕊怀腺柳 *S. cupularis*
		尖叶怀腺柳 *S. cupularos*
		越桔柳 *S. myrtilldes*
		兴安柳 *S. hsinganica*
		粉枝柳 *S. rorida*
		卷边柳 *S. turanica*
		蒿柳 *S. viminalis*
		细叶沼柳 *S. rosmarinifolia*
		沼柳 *S. rosmarinifolla*
		黄柳 *S. gordejevii*
		砂杞柳 *S. kochiana*
		乌柳 *S. cheilophila*
		筐柳 *S. linearistipularis*
桦木科 Betulaceae	桦木属 *Betula*	白桦 *Betula platyphylla*
		黑桦 *B. dahurica*
		砂生桦 *B. gmelinii*
	虎榛子属 *Ostryopsis*	虎榛子 *Ostryopsis davidiana*
壳斗科 Fagaceae	栎属 *Quercus*	蒙古栎 *Quercus mongolica*
		辽东栎 *Q. mongolica var. liaotungensis*
榆科 Ulmaceae	榆属 *Ulmus*	大果榆 *Ulmus macrocarpa*
		脱皮榆 *U. lacinata*
		家榆 *U. pumila*
		毛果汗榆 *U. glaucescena*
桑科 Moraceae	桑属 *Morus*	蒙桑 *Morus mongolica*
	大麻属 *Cannabis*	大麻 *Cannabis sativa*

（续）

被子植物门 Angiospermae		
荨麻科 Urticaceac	荨麻属 *Urtica*	麻叶荨麻 *Urtica cannabina*
		宽叶荨麻 *U. laetevirens*
		狭叶荨麻 *U. angustifola*
	墙草属 *Parietaria*	小花墙草 *Parietaria micrantha*
檀香科 Santalaceae	百蕊草属 *Thesium*	百蕊草 *Thesium chinenese*
		长叶百蕊草 *T. longifolium*
		急折百蕊草 *T. refractum*
		短苞百蕊草 *T. brevibracteatum*
桑寄生科 Loranthaceae	槲寄生属 *Viscum*	槲寄生 *Viscum coloratum*
马兜铃科 Aristolochiaceae	马兜铃属 *Aristolochia*	北马兜铃 *Aristolochia conttorta*
蓼科 Polygonaceae	大黄属 *Rheum*	华北大黄 *Rheum franzenbachii*
		总苞大黄 *R. racemiferum*
		矮大黄 *R. nanum*
		单脉大黄 *R. uminerve*
	酸模属 *Rumex*	小酸模 *Rumex acetosella*
		酸模 *R. acetosa*
		东北酸模 *R. thysifllorus*
		毛脉酸模 *R. gmelinii*
		皱叶酸模 *R. crispus*
		巴天酸模 *R. patientia*
		长刺酸模 *R. maritimus*
	沙拐枣属 *Calligonum*	沙拐枣 *Calligonum mongolicum*
		戈壁沙拐枣 *C. chinense*
	木蓼属 *Atraphaxis*	锐枝木蓼 *Atraphaxis pungens*
		东北木蓼 *A. manshurica*
		圆叶木蓼 *A. tortuosa*
		沙木蓼 *A. bracteata*
		木蓼 *A. frutescens*
	蓼属 *Polygonum*	萹蓄 *Polygonum aviculare*
		习见蓼 *P. plebeium*
		毛蓼 *P. pilosum*
		头序蓼 *P. alatum*
		两栖蓼 *P. amphibium*
		荭草 *P. orientale*
		桃叶蓼 *P. persicaria*
		柳叶刺蓼 *P. bungeanum*
		酸模叶蓼 *P. lapathiforlium*
		水蓼 *P. hydropiper*
		西伯利亚蓼 *P. sibiricum*
		细叶蓼 *P. angustifolium*
		白山蓼 *P. laxmanni*
		叉分蓼 *P. divarcatum*

（续）

被子植物门 Angiospermae		
蓼科 Polygonaceae	蓼属 Polygonum	高山蓼 *P. alpinum*
		珠芽蓼 *P. viviparum*
		拳参 *P. bistorta*
		狐尾蓼 *P. alopecuroides*
		箭叶蓼 *P. sieboldii*
		木藤蓼 *P. aubertii*
		卷茎蓼 *P. convolvus*
	荞麦属 *Fagopyrum*	苦荞麦 *Fagopyrum tataricum*
藜科 Chenopodiaceae	盐穗木属 *Halostachys*	盐穗木 *Halostachys caspica*
	假木贼属 *Anabasis*	短叶假木贼 *Anabasis brevifolia*
	梭梭属 *Haloxylon Bunge*	梭梭 *Haloxylon Bunge ammodendron*
	驼绒藜属 *Ceratoides*	驼绒藜 *Ceratoides latens*
		内蒙驼绒藜 *C. intramonglica*
		华北驼绒藜 *C. arborscens*
	猪毛菜属 *Salsola*	珍珠猪毛菜 *Salsola passerina*
		木本猪毛菜 *S. arbuscuia*
		松叶猪毛菜 *S. laricifolia*
		蒿叶猪毛菜 *S. abrotanoides*
		柴达猪毛菜 *S. zaidamica*
		猪毛菜 *S. collina*
		单刺猪毛菜 *S. monoptera*
		展苞猪毛菜 *S. ikonnikovii*
		薄翅猪毛菜 *S. pellucida*
		刺沙蓬 *S. pestifer*
	地肤属 *Kochia*	木地肤 *Kochia prostrata*
		灰毛木地肤 *K. prostrata*
		地肤 *K. scoparia*
		毛花地肤 *K. laniflora*
		黑翅地肤 *K. melanoptera*
		宽翅地肤 *K. macroptera*
	合头草属 *Sympegma*	合头草 *Sympegma regelii*
	戈壁藜属 *Iljinia*	戈壁藜 *Iljinia regelii*
	盐爪爪属 *Kalidium*	盐爪爪 *Kalidium foliatum*
		细枝盐爪爪 *K. gracile*
		尖叶盐爪爪 *K. cuspidatum*
		黄毛头 *K. sinicum*
	滨藜属 *Atriplex*	野榆钱菠菜 *Atriplex aucheri*
		中亚滨藜 *A. centralasiatica*
		大苞中亚滨藜 *A. centralasistica*
		西伯利亚滨藜 *A. sibirica*
		滨藜 *A. patens*
	碱蓬属 *Suaeda*	碱蓬 *Suaeda glauca*

（续）

被子植物门 Angiospermae		
藜科 Chenopodiaceae	碱蓬属 *Suaeda*	茄叶碱蓬 *S. przewalskii*
		肥叶碱蓬 *S. kossinskyi*
		盘果碱蓬 *S. heteophylla*
		星花碱蓬 *S. stellatiflora*
		平卧碱蓬 *S. prostata*
		盐地碱蓬 *S. sasla*
	沙蓬属 *Atriplex*	沙蓬 *Atriplex pungens*
	虫实属 *Corispermum*	蒙古虫实 *Corispermum mongolicum*
		中亚虫实 *C. heptapotamicum*
		绳虫实 *C. declinatum*
		兴安虫实 *C. chinganicum*
		华虫实 *C. stauntonii*
		长穗虫实 *C. elongmum*
	轴藜属 *Axyris*	杂配轴藜 *Axyris hybrida*
		平卧轴藜 *A. prostrata*
	雾滨藜 *Bassia*	雾滨藜 *Bassia dasyphylla*
		钩刺雾滨藜 *B. hyssopifolia*
	藜属 *Chenopodium*	菊叶香藜 *Chenopodium feotidum*
		刺藜 *C. arostatum*
		灰绿藜 *C. glaucum*
		红叶藜 *C. rubrum*
		小白藜 *C. iljinii*
		尖头叶藜 *C. acuminatum*
		东亚市藜 *C. urbicum*
		杂配藜 *C. hybridum*
		小藜 *C. serotinum*
		藜 *C. album*
	盐角菜属 *Salicornia*	盐角藜 *Salicornia europaea*
	单刺蓬属 *Cornulaca*	阿拉善单刺蓬 *Cornulaca alaschanica*
	盐生草属 *Halogeton*	盐生草 *Halogeton glomeratus*
	蛛丝蓬属 *Micropeplis*	蛛丝蓬 *Micropeplis arachnoidae*
马齿苋科 Portulacaceae	马齿苋属 *Portulaca*	马齿苋 *Portulaca oleracea*
石竹科 Caryophyllaceae	牛漆姑草属 *Spergularia*	牛漆姑草 *Spergularia salina*
	棵果木属 *Gymnocarpos*	棵果木 *Gymnocarpos przewalskii*
	孩儿参*Pseudostellaria*	贺兰山孩儿参 *Pseudostellaria helanshanensis*
		石孩儿参 *P. rupestris*
		孩儿参 *P. heterophylla*
		矮小孩儿参 *P. maximowicziana*
	蚤缀属 *Arenaria*	高山蚤缀 *Arenaria meyeri*
		灯心草蚤缀 *A. juncea*
	种阜草属 *Moehringia*	种阜草 *Moehringia laterifora*
	繁缕属 *Stellaria*	二柱繁缕 *Stellaria bistyla*

（续）

被子植物门 Angiospermae		
石竹科 Caryophyllaceae	繁缕属 *Stellaria*	繁缕 *S. media*
		沙地繁缕 *S. gypsophiloides*
		叉歧繁缕 *S. dichotoma*
		盐生繁缕 *S. petraea*
		厚叶繁缕 *S. crassifolia*
		长叶繁缕 *S. longifolia*
		鸭绿繁缕 *S. jaluana*
	卷耳属 *Cerastium*	卷耳 *Cerastium arvense*
		小卷叶 *C. pusillum*
	薄蒴草属 *Lepyrodiclis*	薄蒴草 *Lepyrodiclis holosteoides*
	女娄菜属 *Melandrium*	兴安女娄菜 *Melandrium brachypetalum*
	麦瓶草属 *Silene*	毛萼麦瓶草 *Silene repens*
		细瓶草 *S. gracilicaulis*
		旱麦瓶草 *S. jenisseensis*
	丝石竹属 *Gypsophila*	荒漠丝石竹 *Gypsophila desertorum*
		头花丝石竹 *G. capituliflora*
		尖叶丝石竹 *G. licentiana*
		草原丝石竹 *G. davurica*
	石竹属 *Dianthus*	瞿麦 *Dianthus superbus*
毛茛科 Ranunculaceae	驴蹄草属 *Caltha*	白花驴蹄草 *Caltha natans*
	金莲花属 *Trollius*	金莲花 *Trollius chinensis*
		短瓣金莲花 *T. ledebouri*
	升麻属 *Cimicifuga*	兴安升麻 *Cimicifuga dahurica*
		单穗升麻 *C. simplex*
	类叶升麻属 *Actaca*	类叶升麻 *Actaca asiatica*
	耧斗菜属 *Aguilegia*	耧斗菜 *Aguilegia viridiflora*
	唐松草属 *Thalictrum*	翼果唐松草 *Thalictrum aquileqifolium*
		球果唐松草 *T. baicalense*
		瓣蕊唐松草 *T. petaloideum*
		细唐松草 *T. tenue*
		香唐松草 *T. foetidum*
		展枝唐松草 *T. aquarrosum*
		箭头唐松草 *T. simplex*
		欧亚唐松草 *T. minus*
	银莲花属 *Anemone*	二歧银莲花 *Anemone dichotoma*
		大花银莲花 *A. silvestris*
		展毛银莲花 *A. demissa*
		卵裂银莲花 *A. sibirca*
		长毛银莲花 *A. crinita*
	白头翁属 *Pulsatilla*	细叶白头翁 *Pulsatilla turczaninovii*
	水毛茛属 *Batrachium*	小水毛茛 *Batrachium eradicatum*
		硬叶水毛茛 *B. foenicuiaceum*

（续）

被子植物门 Angiospermae		
毛茛科 Ranunculaceae	水葫芦苗属 *Halerpestes*	水葫芦苗 *Halerpestes sarmrntosa*
		黄戴戴 *H. ruthenica*
	毛茛属 *Ranunculus*	掌裂毛茛 *Ranunculus rigescens*
		裂叶毛茛 *R. pedatifidus*
		石龙芮 *R. sceleratus*
		小掌叶毛茛 *R. gmelinii*
		内蒙古毛茛 *R. intramongolicus*
		毛茛 *R. japonicus*
		回回蒜 *R. chinensis*
	铁线莲属 *Clematis*	灌木铁线莲 *Clematis fruticlsa*
		灰叶铁线莲 *C. canescens*
		小叶铁线莲 *C. nannophylla*
		准格尔铁线莲 *C. songarica*
		棉团铁线莲 *C. hexapetala*
		短尾铁线莲 *C. brevicaudata*
		西伯利亚铁线莲 *C. sibirica*
		长瓣铁线莲 *C. macropetala*
		芹叶铁线莲 *C. aethusifolia*
		东方铁线莲 *C. orientalis*
		黄花铁线莲 *C. intricata*
		甘青铁线莲 *C. tangutica*
	翠雀花属 *Delphinium*	东北高翠雀花 *Delphinium korshinskyanum*
		翠雀 *D. grandiflorum*
	乌头属 *Aconitum*	华北乌头 *Aconitum jeholense*
		乌头 *A. carmichaeli*
		阴山乌头 *A. yinschanicum*
	芍药属 *Paeonia*	芍药 *Paeonia lactiflora*
小檗科 Berberidaceae	小檗属 *Berberis*	刺叶小檗 *Berberis sibirica*
		黄芦木 *B. amurensis*
		鄂尔多斯小檗 *B. caroli*
		细叶小檗 *B. poiretii*
防己科 Menispermaceae	蝙蝠葛属 *Menispermum*	蝙蝠葛 *Menispermum dahuricum*
木兰科 Magnoliaceae	五味子属 *Schisandra*	五味子 *Schisandra chinensis*
罂粟科 Papaveraceae	白屈菜属 *Chelidonium*	白屈菜 *Chelidonium majus*
	罂粟 *Papaver*	野罂粟 *Papaver nudicaule*
	角茴香属 *Hypecoum*	角茴香 *Hypecoum erectum*
	紫堇属 *Corydalis*	红花紫堇 *Corydalis punicea*
		灰绿黄堇 *C. adunca*
		北紫堇 *C. sibirica*
十字花科 Cruciferae	菘蓝属 *Isatis*	三肋菘蓝 *Isatis costata*
		长圆果菘蓝 *I. oblongata*
	沙芥属 *Pugionium*	宽刺沙芥 *Pugionium dolabratum*

（续）

被子植物门 Angiospermae		
十字花科 Cruciferae	沙芥属 *Pugionium*	沙芥 *P. cornutum*
	群心菜属 *Cardaria*	毛果群心菜 *Cardaria pubescens*
	死棱芥属 *Goldbachia*	四棱芥 *Goldbachia laveigata*
	遏蓝菜属 *Thlaspi*	遏蓝菜 *Thlaspi arvense*
		山遏蓝菜 *T. thalspidioides*
	独行菜属 *Lepidium*	北方独行菜 *Lepidium cordatum*
		宽叶独行菜 *L. latifolium*
		钝也独行菜 *L. obtusum*
		独行菜 *L. apetalum*
		阿拉善独行菜 *L. alashanicum*
	阴山荠属 *Yinshania*	阴山荠 *Yinshania acutangula*
	庭荠属 *Alyssum*	北方庭荠 *Alyssum lenense*
	荠属 *Capsella*	荠 *Capsella bursa-pastoris*
	棒果芥属 *Sterigmustemn*	紫花棒果芥 *Sterigmustemn matthioloides*
	小柱芥属 *Micrcstigma*	短果小柱芥 *Micrcstigma brachycarpum*
	芝麻菜属 *Eruca*	芝麻菜 *Eruca sativa*
	山芥属 *Barbarea*	山芥 *Barbarea ortheceras*
	大蒜芥属 *Sisymbrium*	垂果大蒜芥 *Sisymbrium heteromallum*
	花旗竿芥 *Dontosemon*	厚叶花旗竿 *Dontosemon crassifolius*
		白毛花旗竿 *D. senilis*
	香芥属 *Clausia*	香芥 *Clausia trichosepala*
	糖芥属 *Erysimum*	蒙古糖芥 *Erysimum flavum*
		糖芥 *E. bungei*
		小花糖芥 *E. cherianthoides*
	串珠芥属 *Neotorularia*	串珠芥 *Neotorularia humilis*
	离蕊芥属 *Malcolmia*	离蕊芥 *Malcolmia africana*
	南芥属 *Arabis*	粉绿垂果南芥 *Arabis pendula*
		硬毛南芥 *A. hirsuta*
景天科 Crassulaceae	瓦松属 *Orostachys*	钝叶瓦松 *Orostachys malacophyllus*
		瓦松 *O. fimbriatus*
	八宝属 *Hylotelephium*	华北八宝 *Hylotelephium tatarinowii*
		八宝 *H. erythrostictum*
	红景天属 *Rhodiola*	小丛红景天 *Rhodiola dumulosa*
	景天属 *Sedum*	费菜 *Sedum aizoon*
虎耳草科 Saxifragaceae	梅花草属 *Parnassis*	梅花草 *Parnassis palustris*
	虎耳草属 *Saxifraga*	点头虎耳草 *Saxifraga cernua*
	八仙花属 *Hydrangea*	东陵八仙花 *Hydrangea bretschneideri*
蔷薇科 Rosaceae	绣线菊属 *Spiraea*	耧斗叶绣线菊 *Spiraea aquilegifolia*
		三裂绣线菊 *S. trilobata*
		土庄绣线菊 *S. pubescens*
		蒙古绣线菊 *S. mongolica*
		欧亚绣线菊 *S. sericea*

（续）

被子植物门 Angiospermae		
蔷薇科 Rosaceae	珍珠海属 *Sorbaria*	珍珠海 *Sorbaria sorbifloia*
	栒子属 *Cotoneaster*	水栒子 *Cotoneaster multiflorus*
		蒙古栒子 *C. mongolicus*
		黑果栒子 *C. mclanocarpus*
		灰栒子 *C. acutifolius*
	苹果属 *Malus*	山荆子 *Malus baccata*
	蔷薇属 *Rosa*	单瓣黄刺玫 *Rosa xanthina*
		山刺玫 *R. dvurica*
		大叶蔷薇 *R. acicularis*
		毛叶弯刺蔷薇 *R. beggeriana*
	棉刺属 *Poltaninia*	棉刺 *Poltaninia mogolica*
	龙牙草属 *Agrimonia*	龙牙草 *Agrimonia pilsa*
	地榆属 *Sanguisorba*	地榆 *Sanguisorba officinalis*
	蚊子草属 *Filipendula*	蚊子草 *Filipendula nuda*
	悬钩子属 *Rubus*	石生悬钩子 *Rubus saxatilis*
	草莓属 *Fragaria*	东方草莓 *Fragaria orienialis*
	委陵菜属 *Potentilla*	金露梅 *Potentilla fruticosa*
		小叶金露梅 *P. parvifolia*
		星毛委陵菜 *P. acaulis*
		三出委陵菜 *P. betonicaefolia*
		密枝委陵菜 *P. virgata*
		二裂委陵菜 *P. bifurca*
		腺毛委陵菜 *P. longifolia*
		菊叶委陵菜 *P. tanacetifolia*
		绢毛委陵菜 *P. sericea*
		多裂委陵菜 *P. multifida*
	沼委陵菜属 *Comarum*	西北委陵菜 *Comarum salesovianum*
	地蔷薇属 *Chamaerhodos*	地蔷薇 *Chamaerhodos erecta*
		沙生地蔷薇 *C. sabulosa*
		阿尔泰地蔷薇 *C. altaica*
豆科 Leguminosae	沙冬青属 *Ammopiptanthus*	沙冬青 *Ammopiptanthus mongolicus*
	扁蓿豆属 *Melotoides*	扁蓿豆 *Melotoides ruthenica*
	草木樨属 *Melilotus*	草木樨 *Melilotus suaveolens*
		白花草木樨 *M. albus*
	苜蓿属 *Medicago*	天蓝苜蓿 *Medicago lupiliina*
		紫花苜蓿 *M. sativa*
	锦鸡儿属 *Caragana*	短脚锦鸡儿 *Caragana brachypoda*
		白皮锦鸡儿 *C. leucophloea*
		窄叶矮锦鸡儿 *C. pygmaea*
		小花矮锦鸡儿 *C. pygmaea*
		狭叶锦鸡儿 *C. stenophylla*
		荒漠锦鸡儿 *C. roborovskyi*

（续）

被子植物门 Angiospermae		
豆科 Leguminosae	锦鸡儿属 *Caragana*	小叶锦鸡儿 *C. microphylla*
		中间锦鸡儿 *C. intermedia*
	雀儿豆属 *Chesneya*	蒙古雀儿豆 *Chesneya mongolica*
		戈壁雀儿豆 *C. grubovii*
	米口袋属 *Gueldenstaedtia*	甘肃米口袋 *Gueldenstaedtia gansuensis*
	草木犀属 *Melilotus*	黄香草木犀 *Melilotus officinalis*
		草木樨 *M. suaveolens*
		草木樨状黄芪 *M. melilotoides*
		皱黄芪 *M. tataricus*
		了墩黄芪 *M. lioui*
		单叶黄芪 *M. efoliolatus*
		长毛荚黄芪 *M. monophyllus*
		灰叶黄芪 *M. discolor*
		沙打旺 *M. adsurgens*
		糙叶黄芪 *M. scaberrimus*
		白花黄芪 *M. galactites*
		包头黄芪 *M. baotouensis*
	棘豆属 *Oxytropis*	刺叶柄棘豆*Oxytropis aciphylla*
		内蒙古棘豆 *O. neimonggolica*
		砂珍棘豆 *O. gracilima*
		鳞萼棘豆 *O. squammulosa*
		囊萼棘豆*O. hirta*
		密花棘豆 *O. imbricata*
		小花棘豆 *O. glabra*
	岩黄芪属 *Hedysarum*	红花岩黄芪 *Hedysarum multijugum*
		宽叶多序岩黄芪 *H. polybotrys*
		贺兰山岩黄芪 *H. petrovii*
		短翼岩黄芪 *H. brachypterum*
		华北岩黄芪 *H. gmelinii*
	胡枝子属 *Lespedeza*	达乌里胡枝子 *Lespedeza davurica*
		多花胡枝子 *L. floribunda*
		尖叶胡枝子 *L. hedysaroides*
		胡枝子 *L. bicolor*
	鸡眼草属 *Kummerovia*	长萼鸡眼草 *Kummerovia stipulacea*
	黄芪属 *Astragalus*	直立黄芪 *Astragalus adsurgens*
	野豌豆属 *Vicia*	肋脉野豌豆 *Vicia costata*
		多茎野豌豆 *V. multicaulis*
		山野豌豆 *V. amoena Fisch*
		歪头菜 *V. unijuga*
	大豆属 *Glycine*	野大豆 *Glycine soja*
牻牛儿苗科 Geraniaceae	牻牛儿苗属 *Erodium*	牻牛儿苗 *Erodium stephanianum*
		短喙牻牛儿苗 *E. tibetanum*

（续）

被子植物门 Angiospermae		
牻牛儿苗科 Geraniaceae	老鹳草属 *Geranium*	毛蕊老鹳草 *Geranium eryostemon*
		尼泊尔老鹳草 *G. nepalens*
		鼠掌老鹳草 *G. sibiricum*
		灰背老鹳草 *G. wlassowiaum*
亚麻科 Linaceae	亚麻属 *Linaceae*	宿根亚麻 *Linaceae perenne*
蒺藜科 Zygophyllaceae	白刺属 *Nitraria*	小果白刺 *Nitraria sibiriica*
		白刺 *N. tangutorum*
		球果白刺 *N. aphaerocarpa*
	骆驼蓬属 *Peganum*	多裂骆驼蓬 *Peganum halmala*
		匍根骆驼蓬 *P. nigellastrum*
	霸王属 *Zygophyllum*	霸王 *Zygophyllum xanthoxylon*
		蝎虎霸王 *Z. mucronatum*
		翼果霸王 *Z. pterocarpum*
		戈壁霸王 *Z. gobicum*
	蒺藜属 *Tribulus*	蒺藜 *Tribulus terrestris*
	四合木属 *Tetraena*	四合木 *Tetraena mongolica*
芸香科 Rutaceae	拟芸香属 *Haplophyllum*	北芸香 *Haplophyllum dauricum*
		针枝芸香 *H. tragacanthoides*
	白藓属 *Dictamnus*	白藓 *Dictamnus albus*
远志科 Polygalaceae	远志属 *Polygala*	远志 *Polygala tenuifolia*
大戟科 Euph orbiaceae	大戟属 *Euphorbia*	乳浆大戟 *Euphorbia esula*
		地锦 *E. humifusa*
凤仙花科 Balsaminaceae	凤仙花属 *Impatiens*	水金凤 *Impatiens noli—tangere*
鼠李科 Rhamnaceae	鼠李属 *Rhamnus*	鼠李 *Rhamnus dahurica*
		小叶鼠李 *R. parbifolia*
		柳叶鼠李 *R. erythroxylon*
椴树科 Tiliaceae	椴树属 *Tilia*	糠椴 *Tilia mandschurica Rupr*
锦葵科 Malvaceae	木槿属 *Hibiscus*	野西瓜苗 *Hibiscus trionum*
金丝桃科 Hypericaceae	金丝桃属 *Hypericaceae*	乌腺金丝桃 *Hypericaceae attenuatum*
柽柳科 Tamaricaceae	红沙属 *Reaumuria*	红沙 *Reaumuria soongorica*
	柽柳属 *Tamarix*	红柳 *Tamarix ramosissima*
瑞香科 Thymelaeaceae	瑞香属 *Daphne*	黄瑞香 *Daphne giraldii*
胡颓子科 Elaeagnaceae	沙棘属 *Hippophae*	中国沙棘 *Hippophae rhamnoides*
	胡颓子属 *Elaeagnus*	沙枣 *Elaeagnus angustifolia*
菱科 Trapaceae	菱属 *Trapa*	丑角菱 *Trapa japonica*
柳叶菜科 Onagraceae	柳叶菜属 *Epilobium*	毛脉柳叶菜 *Epilobium amurense*
锁阳科 Cynomoriaeeae	锁阳属 *Cynomorium*	锁阳 *Cynomorium songaricum*
五加科 Araliaceae	五加属 *Eleutherococcus*	短柄五加 *Eleutherococcus brachypus*
伞形科 Umbelliferae	柴胡属 *Bupoeurum*	银州柴胡 *Bupoeurum yinchowense*
		短茎柴胡 *B. pusillum*
		锥也柴胡 *B. bicaule*
	阿魏属 *Ferula*	沙茴香 *Ferula bungeana*

（续）

被子植物门 Angiospermae		
伞形科 Umbelliferae	防风属 *Saposhnikovia*	防风 *Saposhnikovia divaricata*
	迷果芹属 *Sphallerocarpus*	迷果芹 *Sphallerocarpus gracilis*
马鞭草科 Verbenaceae	独丽花属 *Moneses*	独丽花 *Moneses muniflora*
报春花科 Primulaceae	报春花属 *Primula*	粉报春 *Primula farinose*
	点地梅属 *Androsace*	北地点梅 *Androsace septentrionalis*
		大苞地点梅 *A. maxima*
		西藏地点梅 *A. mariae*
		阿拉善地点梅 *A. alashanica*
白牡丹科 Plumbaginaceae	驼舌草属 *Goniolimon*	驼舌草 *Goniolimon speciosum*
	补血草属 *Limonium*	黄花补血草 *Limonium aureum*
		细枝补血草 *L. tenellum*
		二色补血草 *L. bicolor*
龙胆科 Gentianaceae	扁蕾属 *Gentianopsis*	中国扁蕾 *Gentianopsis barbata*
		宽叶中国扁蕾 *G. barbata*
	肋柱花属 *Lomatogonium*	小花肋柱花 *Lomatogonium rotatum*
	獐牙菜属 *Swertia*	北方獐牙菜 *Swertia diluta*
	花锚属 *Halenia*	椭圆叶花锚 *Halenia elliptica*
夹竹桃科 Apacynaceae	白麻属 *Poacynum*	白麻 *Poacynum pictum*
萝藦科 Asclepiadaceae	鹅绒藤属 *Cynanchum*	鹅绒藤 *Cynanchum chinense*
		地梢瓜 *C. thesioides*
		白首乌 *C. bungei*
旋花科 Convolvulaeeae	打碗花属 *Calystegia*	打碗花 *Calystegia haderacea*
	旋花属 *Convolvulus*	银灰旋花 *Convolvulus ammannii*
		田旋花 *C. arvensis*
		刺旋花 *C. tragacanthoides*
	菟丝子属 *Cuscuta*	菟丝子 *Cuscuta chinenses*
		大菟丝子 *C. europaea*
花葱科 Palemoniaeeae	花葱属 *Polemonium*	中华花葱 *Polemonium chinense*
紫草科 Boraginaceae	砂引草属 *Messerschmidia*	砂引草 *Messerschmidia sibirica*
	假紫草属 *Arnebia*	假紫草 *Arnebia guttata Bge*
		疏花假紫草 *A. szechenyi*
	紫草属 *Lithospermum*	紫草 *Lithospermum erythrorhizon*
	狼紫草属 *Lycopsis*	狼紫草 *Lycopsis orientalis*
	琉璃草属 *Cynoglossum*	大果琉璃草 *Cynoglossum divaricatum*
	鹤虱属 *Lappula*	异刺鹤虱 *Lappula heteracantha*
		颈直鹤虱 *L. stricta*
	齿缘草属 *Eritrichium*	石生齿缘草 *Eritrichium rupestre*
	斑种草属 *Bothriospermum*	狭苞斑种草 *Bothriospermum kusnezowii*
	附地菜属 *Trigonotis*	钝萼附地菜 *Trigonotis amblyosepala*
		附地菜 *T. peduncularis*
马鞭草科 Verbenaceae	莸属 *Caryopteris*	蒙古莸 *Caryopteris mongolica*
唇形科 Labiatae	黄芩属 *Scutellaria*	多毛并头黄芩 *Scutellaria scordifolia*

（续）

被子植物门 Angiospermae		
唇形科 Labiatae	黄芩属 *Scutellaria*	阿拉善黄芩 *S. alaschanica*
	夏至草属 *Lagopsis*	夏至草 *Lagopsis supina*
	裂叶荆芥属 *Schizonepeta*	多裂叶荆芥 *Schizonepeta multifida*
	荆芥属 *Nepeta*	康藏荆芥 *Nepeta prattii Levl*
		大花荆芥 *N. sibirica L*
	青兰属 *Dracocephalum*	白花枝子花 *Dracocephalum heterophyllum*
		香青兰 *D. moldavica*
	糙苏属 *Phlomis*	尖齿糙苏 *Phlomis dentoss*
		串铃草 *P. mongolica*
		糙苏 *P. umbrosa*
	益母草属 *Leonurus*	细叶益母草 *Leonurus sibiricus*
	兔唇花属 *Lagochilus*	冬青叶兔唇花 *Lagochilus ilicifolius*
	百里香属 *Thymus*	百里香 *Thymus serpyllum*
	薄荷属 *Mentha*	薄荷 *Mentha haplocalyx*
	香薷属 *Elsholtzia*	香薷 *Elsholtzia ciliata*
茄科 Solanacese	枸杞属 *Lycium*	黑果枸杞 *Lycium ruthenicun*
		枸杞 *L. chinense*
	茄属 *Solanum*	龙葵 *Solanum nigrum*
玄参科 Scrophulariaceae	玄参属 *Scrophilaria*	砾玄参 *Scrophilaria incisa*
	地黄属 *Rehmannia*	地黄 *Rehmannia glutinosa*
	婆婆纳属 *Veronica*	水蔓菁 *Veronica linariifolia*
		长果婆婆纳 *V. ciliate*
		光果婆婆纳 *V. rockii*
		北水苦荬 *V. anagallis-aquatica*
	小米草属 *Euphrasia*	小米草 *Euphrasia pectinata*
		短腺小米草 *E. regelii*
	马先蒿属 *Pedicularis*	红纹马先蒿 *Pedicularis striata*
		蛛丝红纹马先蒿 *P. striata*
列当科 Orobanchaceae	列当属 *Orobanche*	列当 *Orobanche coerulescens*
		黄花列当 *O. pycnostachya*
		弯管列当 *O. cernua*
	肉苁蓉属 *Cistanche*	肉苁蓉 *Cistanche deserticola*
		沙苁蓉 *C. sinensis*
		盐生肉苁蓉 *C. salsa*
车前科 Plantaginaceae	车前属 *Plantago*	条叶车前 *Plantago minuta*
		车前 *P. asistica*
		平车前 *P. depresa*
		大车前 *P. major*
茜草科 Rubiaceae	茜草属 *Rubia*	茜草 *Rubia cordifolia*
忍冬科 Caprifoliaceae	忍冬属 *Lonicera*	小叶忍冬 *Lonicera microphylla*
	荚蒾属 *Viburnum*	蒙古荚蒾 *Viburnum mongolicum*
败酱科 Velerianaceae	败酱属 *Patrinia*	黄花龙芽 *Patrinia scabiosaefolia*

（续）

被子植物门 Angiospermae		
败酱科 Velerianaceae	败酱属 *Patrinia*	岩败酱 *P. rupestris*
		糙叶败酱 *P. scabra*
桔梗科 Campanulaceae	党参属 *Codonopsis*	党参 *Codonopsis pilosula*
	沙参属 *Adenophora*	石沙参 *Adenophora polyantha*
		长柱沙参 *A. stenanthina*
菊科 Compositae	狗娃花属 *Heteropappus*	阿尔泰狗娃花 *Heteropappus altaicus*
		狗娃花 *H. hipidus*
	紫菀属 *Aster*	高山紫菀 *Aster alpines*
	紫菀木属 *Asterothamnus*	中亚紫菀木 *Asterothamnus centrali-asiaticus*
	飞蓬属 *Erigeron*	飞蓬 *Erigeron acer*
	火绒草属 *Leontopodium*	火绒草 *Leontopodium leontopodioides*
		长叶火绒草 *L. longifolium*
		绢绒火绒草 *L. smithianum*
	香青属 *Anaphalis*	乳白香青 *Anaphalis lacteal*
	旋覆花属 *Inula*	旋覆花 *Inula japonica*
	苍耳属 *Xanthium*	苍耳 *Xanthium sibiricum*
	鬼针草属 *Bidens*	小花鬼针草 *Bidens parviflora*
	菊属 *Dendranthema*	紫花野菊 *Dendranthema zawadskii*
		小红菊 *D. chanetii*
	亚菊属 *Ajania*	蓍状亚菊 *Ajania achilloides*
		细裂亚菊 *A. przewalskii*
	蒿属 *Artemisia*	黄花蒿 *Artemisia annua*
		冷蒿 *A. frigida*
		碱蒿 *A. anethifolia*
		山蒿 *A. brachyloba*
		黑紫冷蒿 *A. frigid*
		宽叶蒿 *A. latifolia*
		蒙古蒿 *A. mongolica*
		褐苞蒿 *A. phaeolepis*
		密毛白莲蒿 *A. sacrorum*
		裂叶蒿 *A. tanacetifolia*
	千里光属 *Senecio*	北千里光 *Senecio dubius*
	蓝刺头属 *Echinops*	砂蓝刺头 *Echinops gmelini*
		驴欺口 *E. latifolius*
	苍耳属 *Xanthium*	苍耳 *Xanthium sibiricum*
		苍术 *X. lancea*
	革苞菊属 *Tugarinoovia*	革苞菊 *Tugarinoovia mongolica*
	苓菊属 *Jurinea*	蒙新苓菊 *Jurinea mongolica*
	凤毛菊属 *Saussurea*	紫苞凤毛菊 *Saussurea iodostegia*
		碱地凤毛菊 *S. runcinata*
		西北凤毛菊 *S. petrovii*
		小花凤毛菊 *S. parviflora*

（续）

被子植物门 Angiospermae		
菊科 Compositae	凤毛菊属 *Saussurea*	风毛菊 *S. japonica*
	顶羽菊属 *Acroptilon*	顶羽菊 *Acroptilon repens*
	蓟属 *Cirsium*	蓟 *Cirsium japonicum*
	飞廉属 *Carduus*	飞廉 *Carduus crispus*
	麻花头属 *Serratula*	麻花头 *Serratula centauroides*
	大丁草属 *Leibnitzia*	大丁草 *Leibnitzia anandria*
	鸦葱属 *Scorzonera*	叉枝鸦葱 *Scorzonera divaricata*
		鸦葱 *S. austriaca*
		蒙古鸦葱 *S. mongolica*
	毛连菜属 *Picris*	毛连菜 *Picris japonica*
	蒲公英属 *Taraxacum*	蒲公英 *Taraxacum mongolicum*
		白缘蒲公英 *T. platypecidum*
		华蒲公英 *T sinicum*
	苦苣菜属 *Sonchus*	苣荬菜 *Sonchus brachyotus*
		苦苣菜 *S. oleraceus*
	莴苣属 *Lactuca*	莴苣 *Lactuca Sativa*
	乳苣属 *Mulgedium*	乳苣 *Mulgedium tataricum*
	还阳参属 *Crepis*	还阳参 *Crepis crocea*
	黄鹌菜属 *Youngia*	阿拉善黄鹌菜 *Youngia alashanica*
		细叶黄鹌菜 *Y. tenuifolia*
香蒲科 Typhacese	香蒲属 *Thoha*	东方香蒲 *Thoha orientalis*
		小香蒲 *T. minima*
		水烛 *T. angustifolia*
		拉氏香蒲 *T. laxmanni*
黑三棱科 Sparganiaceae	黑三棱属 *Sparganium*	黑三棱 *Sparganium stoloniferum*
		小黑三棱 *S. simplex*
眼子菜科 Potamogetonaceae	眼子菜属 *Potamogeton*	龙须眼子菜 *Potamogeton pectinatus*
		单果眼子菜 *P. acutifolius*
		小眼子菜 *P. panormitanus*
		菹草 *P. crispus*
	角果藜属 *Zannichellia*	角果藜 *Zannichellia palustris*
茨藻科 Najadaceae	茨藻属 *Najas*	大茨藻 *Najas marina*
		内蒙大茨藻 *N. marina*
		小茨藻 *N. minor*
水麦冬科 Juncaginaceae	水麦冬属 *Triglochin*	海韭菜 *Triglochin maritimum*
		水麦冬 *T. palustre*
泽泻科 Alismataceae	泽泻属 *Alisma*	泽泻 *Alisma orientale*
		草泽泻 *A. gramineum*
	慈姑属 *Sagittaria*	野慈姑 *Sagittaria trifolia*
禾本科 Granineae	臭草属 *Melica*	大臭草 *Melica turczaninowiana*
		藏臭草 *M. tibetica*
		抱草 *M. virgata*

（续）

被子植物门 Angiospermae		
禾本科 Grarnineae	臭草属 *Melica*	臭草 *M. scabrosa*
		细叶臭草 *M. radula*
	甜茅属 *Glyceria*	狭叶甜茅 *Glyceria spiculosa*
	水茅属 *Scolochloa*	水茅 *Scolochloa festucacea*
	沿沟草属 *Catabrosa*	沿沟草 *Catabrosa aquatic*
	羊茅属 *Festuca*	短叶羊茅 *Festuca brachyphylla*
		紫羊茅 *F. rubra*
		毛稃紫羊茅 *F. rubra*
	早熟禾属 *Poa*	细叶早熟禾 *Poa angustifolia*
		密花早熟禾 *P. pochyantha*
		草地早熟禾 *P. pratensis*
		西北利亚早熟禾 *P. sibirica*
		硬质早熟禾 *P. sphondylodes*
	碱茅属 *Puccinellia*	碱茅 *Puccinellia distans*
		星星草 *P. tenuiflora*
		鹤甫碱茅 *P. hauptiana*
	雀麦属 *Bromus*	无芒雀麦 *Bromus inermis*
		雀麦 *B. japonicus*
	鹅冠草属 *Roegneria*	毛盘鹅观草 *Roegneria barbicalla*
		肃草 *R. stricta*
		鹅冠草 *R. kamoji*
		多叶鹅冠草 *R. foliosa*
		阿拉善鹅冠草 *R. alashanica*
		纤毛鹅冠草 *R. ciliaris*
		垂穗鹅冠草 *R. nutans*
	冰草属 *Agropyron*	冰草 *Agropyron cristatum*
		沙芦草 *A. mongolicum*
	披碱草属 *Elymus*	圆柱披碱草 *Elymus cylindricus*
		披碱草 *E. dahurica*
		垂穗披碱草 *E. natans*
		老芒麦 *E. sibiricus*
		麦宾草 *E. tanguorum*
	赖草属 *Leymus*	赖草 *Leymus secalinus*
	洽草属 *Koeleria*	洽草 *Koeleria cristata*
		短芒洽草 *K. litwinowii*
	三毛草属 *Trisetum*	穗三毛 *Trisetum subspicatum*
	异燕麦属 *Helictotrichon*	异燕麦 *Helictotrichon schellianum*
	虉草属 *Phalaris*	虉草 *Phalaris arundinacea*
	拂子茅属 *Calamagrostis*	拂子茅 *Calamagrostis epigejos*
		假尾拂子茅 *C. pseudophragmites*
	翦股颖属 *Agrostis*	巨序翦股颖 *Agrostis gigantean*
	针茅属 *Stipa*	狼针茅 *Stipa baicalensis*

（续）

被子植物门 Angiospermae		
禾本科 Gramineae	针茅属 *Stipa*	短花针茅 *S. breviflora*
		长芒草 *S. bungeana*
		沙生针茅 *S. glareoss*
		戈壁针茅 *Stipa gobica*
		大针茅 *Stipa grandis*
		克氏针茅 *Stipa krylovii*
		甘青针茅 *S. przewalskyi*
	芨芨草属 *Achn. atherum*	远东芨芨草 *Achn. Atherum extremiorientala*
		醉马草 *A. inebrians*
		羽茅 *A. sibiricum*
		芨芨草 *A. splendens*
	细柄茅属 *Ptilagrostis*	细柄茅 *Ptilagrostis mongholica*
		双叉细柄茅 *P. dichotoma*
		中亚细柄茅 *P. pelliotii*
	冠毛草属 *Stephanachne*	冠毛草 *Stephanachne pappophorea*
	画眉草属 *Eragrostis*	画眉草 *Eragrostis pilpsa*
		大画眉草 *E. cilianensis*
		小画眉草 *E. minor*
	隐子草属 *Cleistogenes*	丛生隐子草 *Cleistogenes caespitosa*
		中华隐子草 *C. chinensis*
		包鞘隐子草 *C. foliosa*
		细弱隐子草*C. gracilis*
		多叶隐子草 *C. polyphylla*
		糙隐子草 *C. squarrosa*
	虎尾草属 *Chloris*	虎尾草 *Chloris virgata*
	狗尾草属 *Setaria*	狗尾草 *Setaria viridis*
		断穗狗尾草 *S. arenaria*
		金色狗尾草 *S. glauca*
	狼尾草属 *Pennisetum*	白草 *Pennisetum centrasiaticum*
莎草科 Cyperaceae	苔草属 *Carex*	异穗苔草 *Carex heterostachya*
		北苔草 *C. obtusata*
		走茎苔草 *C. reptabunda*
		无脉苔草 *C. enervis*
		白山苔草 *C. canescens*
		寸草苔 *C. duriuscula*
	蒿草属 *Kobresia*	嵩草 *Kobresia bellardii*
	藨草属 *Scirpus*	矮藨草 *Scirpus pumilus*
灯心草科 Juncaceae	地杨梅属 *Luzula*	多花地杨梅 *Luzula multiflora*
	灯心草属 *Juncus*	小灯心草 *Juncus bufonius*
		细灯心草 *J. gracillimus*
		栗花灯心草 *J. castaneus*
		尖被灯心草 *J. turczaninowii*

（续）

被子植物门 Angiospermae		
灯心草科 Juncaceae	灯心草属 *Juncus*	针灯心草 *J. wallichianus*
百合科 Liliaceae	萱草属 *Hemerocallis*	小黄花菜 *Hemerocallis minor*
		黄花菜 *H. citrina*
	顶冰花属 *Gagea*	小顶冰花 *Gagea hiensis*
		少花顶冰花 *G. pauciflora*
	郁金香属 *Tulipa*	单花郁金香 *Tulipa uniflora*
	百合属 *Lilium*	山丹 *Lilium pumilum*
	葱属 *Allium*	野韭 *Allium ramosum*
		韭 *A. tuberosum*
		蒙古韭 *A. mongolicum*
		细叶韭 *A. tenuissimum*
		碱韭 *A. polyrhizum*
		山韭 *A. senescens*
		蒙古野韭 *A. prostratum*
		葱 *A. fistulosum*
	铃兰属 *Convallaria*	铃兰 *Convallaria majalis*
	黄精属 *Polygonatum*	小玉竹 *Polygonatum humile*
		玉竹 *P. odoratum*
	天门冬属 *Asparagus*	戈壁天门冬 *Asparagus gobicus*
		龙须菜 *A. schoberioedes*
		西北天门冬 *A. persicus*
		兴安天门冬 *A. dauricus*
薯蓣科 Dioscoreaceae	薯蓣属 *Dioscorea*	穿龙薯蓣 *Dioscorea nipponica*
鸢尾科 Iridaeeae	鸢尾属 *Iris*	大苞鸢尾 *Iris bungei*
		射干鸢尾 *I. dichotoma*
		粗根鸢尾 *I. tigridia*
兰科 Orchidaceae	杓兰属 *Cypripedium*	斑花杓兰 *Cypripedium guttatum*
		大花杓兰 *C. macranthos*
	舌唇兰属 *Platanthera*	二叶舌唇兰 *Platanthera cholrantha*
	凹舌兰属 *Coeloglossum*	凹舌兰 *Coeloglossum viride*
	火烧兰属 *Epipactis*	小花火烧兰 *Epipactis helleborine*
	角盘兰属 *Herminium*	角盘兰 *Herminium monorchis*

附录Ⅱ 内蒙古自治区陆栖脊椎动物名录

两栖纲 AMPHIBIA		
无尾目 ANURA	蟾蜍科 Bufonidae	中华大蟾蜍 *Bufo gargarizans* Cantor
		花背蟾蜍 *B. raddei* Strauch
	蛙科 Ranidae	黑斑蛙 *Rana nigromaculata* Hallowell
		中国林蛙 *R. chensinensis*
		黑龙江林蛙 *Rana amurensis* Boulenger
	雨蛙科 Hylidae	无斑雨蛙 *Hyla arborea immaculate* Boettge
	盘舌蟾科 Discoglossidae	东方铃蟾 *Bombina* (B.) *orientalis* Boulenger
有尾目 URODELA	小鲵科 Hynobiidae	极北鲵 *Salamandrella keyserlingii* Dybowsky
爬行纲 REPTILIA		
鳖目 TESTUDINATA	鳖科 Trionychidae	鳖 *Trionyx sinensis* Wiegmann
有鳞目 SQUAMATA	鬣蜥科 Agamidae	草原沙蜥 *Phrynocephalus frontalis* Strauch
		荒漠沙蜥 *P. przewalskii* Strauch
		变色沙蜥 *P. versicolor* Strauch
	壁虎科 Gekkonidae	西域沙虎 *Teratoscincus przewalskii* Strauch
	蜥蜴科 Lacertidae	丽斑麻蜥 *Eremias argus* Peters
		密点麻蜥 *E. multiocellata* (Guenther)
		荒漠麻蜥 *E. przewalskii* (Strauch)
		四额鳞麻蜥 *E. quadrifrons* (Strauch)
		快步麻蜥 *E. velox* (Pallas)
		虫纹麻蜥 *E. vermiculata* Blanford
		敏麻蜥 *E. arguta* Pallas
		胎生蜥蜴 *Lacerta vivipara* Jacquinfil
		北草蜥 *Takydromus septentrionalis* Guenther
		山地麻蜥 *E. brenchleyi* Guenther
蛇目 SERPENTIFORMES	蟒科 Boidae	沙蟒 *Eryx miliaris* (Pallas)
	游蛇科 Colubridae	黄脊游蛇 *Calamaris spinalis* (Peters)
		白条锦蛇 *Elaphe dione* (Pallas)
		虎斑游蛇 *Rhabdophis tigrina lateralis* (Berthold)
		棕黑锦蛇 *Elaphe schrenckii anomala* (Boulenger)
	蝰科 Viperidae	蝮蛇 *Agkistrodon sp.* P
鸟纲 AVES		
䴙䴘目 PODICIPEDIFORMES	䴙䴘科 Podicipedidae	小䴙䴘 *Podiceps ruficollis* (Pallas)
		黑颈䴙䴘 *P. caspicus* (Hablizl)
		凤头䴙䴘 *P. cristatus* (Linnaeus)
		赤颈䴙䴘 *P. grisegena* (Boddaert)
鹈形目 PELECANIFORMES	鹈鹕科 Pelecanidae	鹈鹕 *Pelecanus philippensis* Gmelin

（续）

鸟纲 AVES		
鹈形目 PELECANIFORMES	鸬鹚科 Phalacrocoracidae	鸬鹚 *Phalacrooorax carbo* Linnaeus
鹳形目 CICONIIFORMES	鹭科 Ardeidae	苍鹭 *Ardea cinerea* Linnaeus
		草鹭 *A. purpurea* Linnaeus
		绿鹭 *Butorides striatus* (Linnaeus)
		池鹭 *Ardeola bacchus* (Bonaparte)
		大白鹭 *Egretta alba* (Linnaeus)
		黄嘴白鹭 *E. eulophotes* (Swinhoe)
		夜鹭 *Nycticorax nycticorax* (Linnaeus)
		黄斑苇 *Ixobrychus sinensis* (Gmelin)
		紫背苇鳽 *Ixobrychus eurhythmus* (Swinhoe)
		栗苇鳽 *I. cinnamomeus* (Gmelin)
		大麻鳽 *Botaurus stellaris* (Linnaeus)
	鹳科 Ciconiidae	白鹳 *Ciconia ciaonia* (Linnaeus)
		黑鹳 *Ciconia nigra* (Linnaeus)
	鹮科 Threskiornithidae	白鹮 *Threskiornis aethiopicus* (Latham)
		白琵鹭 *Platalea leucorodia* Linnaeus
雁形目 ANSERIFORMES	鸭科 Anatidae	鸿雁 *Anser cygnoides* (Linnaeus)
		豆雁 *A. fabalis* (Latham)
		白额雁 *A. albifrons* (Seopoli)
		灰雁 *A. anser* (Linnaeus)
		斑头雁 *A. indicus* (Latham)
		大天鹅 *Cygnus cygnus* (Linnaeus)
		小天鹅 C. *columbianus* (Ord)
		疣鼻天鹅 *C. clor* ((Gmelin))
		赤麻鸭 *Tadorna ferruginea* (Pallas)
		翘鼻麻鸭 *T. tadorna* (Linnaeus)
		针尾鸭 *Anas acuta* Linnaeus
		绿翅鸭 *A. crecca* Linnaeus
		花脸鸭 *A. formosa* Georgi
		罗纹鸭 *A. falcata* Georgi
		绿头鸭 *A. platyrhynchcs* Linnaeus
		斑嘴鸭 *A. poecilorhyncha* Forster
		赤膀鸭 *A. strepera* Linnaeus
		赤颈鸭 *A. penelope* Linnaeus
		白眉鸭 *A. querquedula* Linnaeus
		琵嘴鸭 *A. clypeata* Linnaeus
		赤嘴潜鸭 *Netta rufina* (Pallas)
		红头潜鸭 *Aythya ferina* (Linnaeus)
		白眼潜鸭 *A. nyroca* (Güdenstadt)
		青头潜鸭 *A. baeri* (Radde)
		凤头潜鸭 *A. fuligula* (Linnaeus)
		斑背潜鸭 *A. marila* (Linnaeus)

（续）

鸟纲 AVES		
雁形目 ANSERIFORMES	鸭科 Anatidae	鸳鸯 *Aix galericulata* (Linnaeus)
		斑脸海番鸭 *Melanitta fusca* (Linnaeus)
		鹊鸭 *Bucephala clangula* (Linnaeus)
		斑头秋沙鸭 *Mergus albellus* (Linnaeus)
		中华秋沙鸭 *M. squamatus* Gould
		红胸秋沙鸭 *M. serrattor* Linnaeus
		普通秋沙鸭 *M. merganser* Linnaeus
隼形目 FALCONIFORMES	鹰科 Accipitridae	蜂鹰 *Pernis ptilorhtncus* (Temminck)
		鸢 *Milvus korschun* (Gmelin)
		苍鹰 *Accipiter gentilis* Linnaeus
		雀鹰 *A. nisus* (Linnaeus)
		松雀鹰 *A. virgatus* (Temmick)
		大鹿 *Buteo Hemilasius* Temmick
		普通 *B. buteo* (Linnaeus)
		毛脚鵟 *B. lagopus* (Pontoppidan)
		灰脸鵟鹰 *Butostur indicus* (Gmelin)
		鹰鵰 *Spizaetus nipalensis* (Hodgson)
		金鵰 *Aquila chrysaetos* (Linnaeus)
		草原鵰 *A. rapac* (Temminck)
		乌鵰 *A. clanga* Pallas
		玉带海鵰 *Haliaeetus leucoryphus* (Pallas)
		白尾海 *H. albicilla* (Linnaeus)
		秃鹫 *Aegypius monachus* (Linnaeus)
		兀鹫 *Gyps himalayensis* Hume
		胡兀鹫 *Gypaetus barbatus* (Linnaeus)
		白尾鹞 *Circus cyaneus* (Linnaeus)
		鹊鹞 *C. melanoleeocos* (Pennant)
		白头鹞 *Circus cyaneus* (Linnaeus)
	鹗科 Pandionidae	鹗 *Pandion haliaetus* (Linnaeus)
	隼科 Falconidae	猎隼 *Falco cherrug* J. E. Gray
		矛隼 *F. gyrfalco* Linnaeus
		游隼 *F. peregrinus* Tunstall
		燕隼 *F. subbuteo* (Linnaeus)
		灰背隼 *F. celumbarius* Linnaeus
		红脚隼 *F. vespertinus* Linnaeus
		黄爪隼 *F. naumanni* Fleischer
		红隼 *F. tinnunculus* Linnaeus
鸡形目 GALLIFORMES	松鸡科 Tetraonidae	细嘴松鸡 *Tetrao parvirostris* Bonaparte
		黑琴鸡 *Lyrurus tetrix* (Linnaeus)
		雷鸟 *Lagopus lagopus* (Linnaeus)
		花尾榛鸡 *Tetrastes bonasia* (Linnaeus)
	雉科 Phasianidae	暗腹雪鸡 *Tetraogallus himalayensis* G. R. Gray

（续）

鸟纲 AVES		
鸡形目 GALLIFORMES	雉科 Phasianidae	石鸡 *Alectoris graeca* (Meisner)
		斑翅山鹑 *Perdix dauuricae* (Pallas)
		鹌鹑 *Coturnix coturnix* (Linnaeus)
		蓝马鸡 *Crossoptilon auritum*(Pallas)
		雉鸡 *Phasianus colchicus* (Linnaeus)
鹤形目 GRUIFORMES	三趾鹑科 Turnicidae	黄脚三趾鹑 *Turnix tanki* Blyth
	鹤科 Gruidae	灰鹤 *Grus grus* (Linnaeus)
		白头鹤 *G. monacha* Temminck
		丹顶鹤 *G. japonensis* (Müller)
		白枕鹤 *G. vipio* Pallas
		白鹤 *G. leucogeranus* Pallas
		蓑羽鹤 *Anthropoides virgo* (Linnaeus)
	秧鸡科 Rallidae	普通秧鸡 *Rallus aquaticus* Linnaeus
		小田鸡 *Porzaha pusilla* (Pallas)
		红胸田鸡 *P. fusca* (Linnaeus)
		斑胁田鸡 *P. paykullii*(Ljungh)
		花田鸡 *Coturnicops noveboracensis* (Gmelin)
		黑水鸡 *Gallinula chloropus* (Linnaeus)
		董鸡 *Gallicrex cinerea* (Gmelin)
		白骨顶 *Fulica atra* Linnaeus
	鸨科 Otididae	大鸨 *Otis tarda* Linnaeus
		波斑鸨 *O. undulata* Jacquin
鸻形目 CHARADRIIFORMES	彩鹬科 Rostratulidae	彩鹬 *Rostratula benghalensis* (Linnaeus)
	鸻科 Charadriidae	凤头麦鸡 *Vanellus vanellus* (Linnaeus)
		灰头麦鸡 *V. cinereus* (Blyth)
		灰斑鸻 *Pluvialis squatarola* (Linnaeus)
		金鸻 *P. dominica* (Muller)
		剑鸻 *Charadrius hiaticula* Linnaeus
		金眶鸻 *C. dubius* Scopoli
		环颈鸻 *C. alexandrinus* Linnaeus
		蒙古沙鸻 *C. mongolus* Pallas
		铁嘴沙鸻 *C. leschrnaultii* Lesson
		红胸鸻 *C. asiaticus* Pallas
		小嘴鸻 *C. morinellus* Linnaeus
	鹬科 Scolopacidae	小杓鹬 *Numenius borealis* (Forster)
		中杓鹬 *N. phaeopus* (Linnaeus)
		白腰杓鹬 *N. arquata* Linnaeus
		大杓鹬 *N. madagascariensis* (Linnaeus)
		黑尾塍鹬 *Limosa limosa* (Linnaeus)
		斑尾塍鹬 *L. lapponica* (Linnaeus)
		鹤鹬 *Tringa eryhropus* (Pallas)
		红脚鹬 *T. totanus* (Linnaeus)

（续）

鸟纲 AVES		
鸻形目 CHARADRIIFORMES	鹬科 Scolopacidae	泽鹬 *T. stagnatilis* (Bechstein)
		青脚鹬 *T. nebularia* (Gunnerus)
		白腰草鹬 *T. ochropus* Linnaeus
		林鹬 *T. glareola* Linnaeus
		矶鹬 *T. hypoleucos* Linnaeus
		灰鹬 *T. incana* (Gmelin)
		翻石鹬 *Arenaria interpres* (Linnaeus)
		半蹼鹬 *Limnodromus semipalmatus* (Blyth)
		孤沙锥 *Capella solitaria* (Hodgon)
		针尾沙锥 *C. stenura* (Benaparte)
		大沙锥 *C. megala* (Swinhoe)
		扇尾沙锥 *C. gallinago* (Linnaeus)
		丘鹬 *Scolopax rusticola* (Linnaeus)
		姬鹬 *Lymnocryptes minimus* (Brunnich)
		红胸滨鹬 *Calidris ruficollis* (Pallas)
		长趾滨鹬 *C. subminuta* (Middendorff)
		乌脚滨鹬 *C. temminckii* (Leialer)
		尖尾滨鹬 *C. acuminata* (Hersfield)
		黑腹滨鹬 *C. alpina* Linnaeus
		弯嘴滨鹬 *C. ferruginea* (Pontoppidan)
		阔嘴鹬 *Limicola falcinellus* (Pontoppidan)
	鹮嘴鹬科 Ibidorhynchidae	鹮嘴鹬 *Ibidorhyncha struthersii* Vigers
	反嘴鹬科 Recurvirostridae	黑翅长脚鹬 *Himantopus himantopus* Linnaeus
		反嘴鹬 *Recurvirostra avosette* Linnaeus
	燕鸻科 Glareolidae	普通燕鸻 *Glareoa maldivarum* Forster
鸥形目 LARIFORMES	鸥科 Laridae	海鸥 *Larus canus* Linnaeus
		银鸥 *L. argentatus* Pontoppidan
		鱼鸥 *L. ichthyaetus* Pallas
		遗鸥 *L. relictus* Lonnberg
		红嘴鸥 *L. ridibundus* Linnaeus
		棕头鸥 *L. brunnicephalus* Jerdon
		小鸥 *L. minutus* Pallas
		黑嘴鸥 *L. saundersi* (Swinhoe)
		须浮鸥 *Chlidrenias hybrida* (Pallas)
		白翅浮鸥 *C. leucoptera* (Temminck)
		黑浮鸥 *C. niger* (Linnaeus)
		鸥嘴噪鸥 *Gelochelidon nilotica* (Gmelin)
		普通燕鸥 *Sterna hirundo* Linnaeus
		白额燕鸥 *S. albifrons* Pallas
		红嘴巨鸥 *Hydroprogne tschegrava* (Lepechin)
鸽形目 COLUMBIFORMES	沙鸡科 Pteroclididae	毛腿沙鸡 *Syrrhaptes paradoxus* (Pallas)
	鸠鸽科 Columbidae	岩鸽 *Columba rupestris* Pallas

（续）

鸟纲 AVES		
鹬科 Scolopacidae	鸠鸽科 Columbidae	原鸽 *C. livia* Gmelin
		山斑鸠 *Streptopelia orientalis* (Linnaeus)
		灰斑鸠 *S. decaocto* (Fruvaldszky)
		火斑鸠 *Oenopopelia tranquebarica* (Hermann)
鹃形目 CUCULIFORMES	杜鹃科 Cuculidae	鹰鹃 *ides* Vigors
		四声杜鹃 *Cuculus sparverioides* Vigors
		大杜鹃 *C. cancrus* Linnaeus
		中杜鹃 *C. saturatus* Blyth
鸮形目 STRIGIFORMES	鸱鸮科 Strigidae	红角鸮 *Otus scops* (Linnaeus)
		鵰鸮 *Bubo bubo* (Linnaeus)
		褐鱼鸮 *Ketupa zeylonensis* (Gmelin)
		雪鸮 *Nyctea* scandiaca (Linnaeus)
		猛鸮 *Surnia ulula* (Linnaeus)
		纵纹腹小鸮 *Athene noctua* (Scopoli)
		长尾林鸮 *Stric uralensis* Pallas
		乌林鸮 *S. nebulosa* Forster
		长耳鸮 *Asio otus* (Linnaeus)
		短耳鸮 *A. flammeus* (Pontoppidan)
		鬼鸮 *Aegolius funereus* (Linnaeus)
夜鹰目 CAPRIMULGIFORMES	夜鹰科 Caprimulgidae	普通夜鹰 *Caprimulgus indicus* Linnaeus
		欧夜鹰 *C. europawus* Linnaeus
雨燕目 APODIFORMES	雨燕科 Apodidae	针尾雨燕 *Hirundapus caudacutus* (Latham)
		楼燕 *Apus apus* (Linnaeus)
		白腰雨燕 *A. pacificus* (Latham)
佛法僧目 CORACIIFORMES	翠鸟科 Alcedinidae	普通翠鸟 *Alcedo atthis* (Linnaeus)
	佛法僧科 Coraciidae	三宝鸟 *Eurystomus orientalis* (Linnaeus)
	戴胜科 Upupidae	戴胜 *Upupa epops* Linnaeus
鴷形目 PICIFORMES	啄木鸟科 Picidae	蚁鴷 *Jynx torquilla* Linnaeus
		黑枕绿啄木鸟 *Picus canus* Gmelin
		黑啄木鸟 *Dryocopus martius* (Linnaeus)
		斑啄木鸟 *Dendrocopos major* (Linnaeus)
		白背啄木鸟 *D. leucotos* (Bechstein)
		棕腹啄木鸟 *D. hyperythrus* (Vigors)
		小斑啄木鸟 *D. minor* (Linnaeus)
		星头啄木鸟 *D. canicapillus* (Blyth)
		三趾啄木鸟 *Picoides tridactylus* (Linnaeus)
雀形目 PASSERIFORMES	百灵科 Alaudidae	蒙古百灵 *Melanocorypha mongolica* (Pallas)
		短趾沙百灵 *Calandrella cinerea* (Gmelin)
		小沙百灵 *C. rufescens* (Vieillot)
		凤头百灵 *Galerida cristata* (Linnaeus)
		云雀 *Alauda arvensis* Linnaeus

（续）

鸟纲 AVES		
雀形目 PASSERIFORMES	百灵科 Alaudidae	角百灵 *Eremophila alpestris* (Linnaeus)
	燕科 Hirundinidae	灰沙燕 *Riparia riparia* (Linnaeus)
		岩燕 *Ptyonoprogne rupestris* (Scopoli)
		家燕 *Hirundo rustica* Linnaeus
		金腰燕 *H. daurica* Linnaeus
		毛脚燕 *Delichon urbica* (Linnaeus)
	鹡鸰科 Motacillidae	山鹡鸰 *Dendronanthus indicus* (Gmelin)
		黄鹡鸰 *Metacilla flava* Linnaeus
		黄头鹡鸰 *M. citreola* Pallas
		灰鹡鸰 *M. cinerea* Tunstall
		白鹡鸰 *M. alba* Linnaeu
		田鹨 *Anthus novaeseelandiae* (Gmelin)
		平原鹨 *A. campestris* Linnaeus
		树鹨 *A.* (Hodgson)*i* Richmond
		红喉鹨 *A. cervinus* (Pallas)
		水鹨 *A. spinoletta* Linnaeus
	山椒鸟科 Campephagidae	灰山椒鸟 *Pericrocotus divaricatus* (Pallas)
	太平鸟科 Bombycillidae	太平鸟 *Bombycilla garrulous* (Linnaeus)
	伯劳科 Laniidae	牛头伯劳 *Lanius bucephalus* Temmick et Schlegel
		红尾伯劳 *L. cristatus* Linnaeus
		红背伯劳 *L. collurio* Linnaeus
		灰伯劳 *L. excubitor* Linnaeus
		长尾灰伯劳 *L. sphenocercus* Cababis
	黄鹂科 Oriolidae	黑枕黄鹂 *Oriolus chinensis* Linnaeus
	卷尾科 Dicruridae	黑卷尾 *Dicrurus macrocercus* Vieillot
	椋鸟科 Sturnidae	北椋鸟 *Sturnus sturninus* (Pallas)
		紫翅椋鸟 *S. vulgaris* Linnaeus
		灰椋鸟 *S. cineraceus* Temminck
	鸦科 Corvidae	松鸦 *Garrulus glandarius* (Linnaeus)
		红嘴蓝鹊 *Cissa erythrorhyncha* (Boddaert)
		灰喜鹊 *Cyanopica cyana* (Pallas)
		喜鹊 *Pica pica* (Linnaeus)
		黑尾地鸦 *Podoces hendersoni* Hume
		星鸦 *Nucifraga caryocatactes* (Linnaeus)
		红嘴山鸦 *Pyrrhocorax pyrrhocorax* (Linnaeus)
		黄嘴山鸦 *P. graculus* (Linnaeus)
		秃鼻乌鸦 *Cervus fruilegus* Linnaeus
		寒鸦 *C. monedula* Linnaeus
		大嘴乌鸦 *C. macrorhynchus* Wagler
		小嘴乌鸦 *C. corone* Linnaeus
		渡鸦 *C. corax* Linnaeus
	鹪鹩科 Troglodytidae	鹪鹩 *Treglodytes troglodytes* (Linnaeus)

（续）

鸟纲 AVES		
雀形目 PASSERIFORMES	岩鹨科 Prunellidae	领岩鹨 *Prunella collaris* (Scopoli)
		棕眉山岩鹨 *P. montanella* (Pallas)
		褐岩鹨 *P. fulvescens* (Severtxov)
		贺兰山岩鹨 *P. koslowi* (Przevalski)
	鸫科 Turdidae	红尾歌鸲 *Luscinia sibilans* (Seinhoe)
		红点颏 *L. calliope* (Pallas)
		蓝点颏 *L. svecica* (Linnaeus)
		蓝歌鸲 *L. cyane* (Pallas)
		红胁蓝尾鸲 *Tarsiger cyanurus* (Pallas)
		贺兰山红尾鸲 *Phoenicurs alaschanicus* (Przevaski)
		赭红尾鸲 *P. ochruros* (Gmelin)
		北红尾鸲 *Phoenicurs auroreus* (Pallas)
		红腹红尾鸲 *P. erythrogaster* (Güldenstadt)
		红尾水鸲 *Rhyacornis fuliginosis* (Vigors)
		白喉石䳭 *Saxicola insigmis* G. R. Gray
		黑喉石䳭 *S. torquata* (Linnaeus)
		沙䳭 *Oenanthe isabellina* (Cretzschmar)
		漠䳭 *O. deserti* (Temminck)
		穗䳭 *O. oenanthe* (Linnaeus)
		白顶䳭 *O. hispanica* (Linnaeus)
		白顶溪鸲 *Chaimarrornis leucocephalu* (Vigors)
		白背矶鸫 *Monticola saxatilis* (Linnaeus)
		蓝头矶鸫 *M. cinclorhynchus* (Vigors)
		蓝矶鸫 *M. solitaria* (Linnaeus)
		白眉地鸫 *Zoothera sibirica* (Pallas)
		虎斑地鸫 *Z. dauma* (Latham)
		白腹鸫 *Turdus pallidus* Gmelin
		赤颈鸫 *T. ruficollis* Pallas
		斑鸫 *T. naumanni* Temminck
		田鸫 *T. pilaris* Linnaeus
	画眉科 Timaliidae	山噪鹛 *Garrulax davidi* (Swinhoe)
	鸦雀科 Panuridae	文须雀 *Panurus biarmicus* (Linnaeus)
	莺科 Sylviidae	山鹛 *Rhopophilus pekinensis* (Swinhoe)
		斑胸短翅莺 *Bradypterus thorasicus* (Blyth)
		北短翅莺 *Bradypterus tacsanowskius* (Blyth)
		小蝗莺 *Locustella certhiola* (Pallas)
		矛斑蝗莺 *L. lanceolata* (Temminck)
		苍眉蝗莺 *L. fasciolata* (Gray)
		大苇莺 *Acrocephalus arundinaceus* (Linnaeus)
		黑眉苇莺 *A. bistrigiceps* Swinhoe
		稻田苇莺 *A. agricola* (Jerdon)
		芦莺 *Phragamaticola aedon* (Pallas)

（续）

鸟纲 AVES		
雀形目 PASSERIFORMES	莺科 Sylviidae	白喉莺 *Sylvia curruca* (Linnaeus)
		沙白喉莺 *S. mimula* Hume
		漠莺 *S. nana* (Hemprich et Ehrenberg)
		褐柳莺 *Phylloscopus fuscatus* (Blyth)
		棕眉柳莺 *P. armandii* (Milne-Edwards)
		巨嘴柳莺 *P. schwarzi* (Radde)
		黄眉柳莺 *P. inornatus* (Blyth)
		黄腰柳莺 *P. proregulus* (Pallas)
		极北柳莺 *P. borealis* (Blasius)
		暗绿柳莺 *P. trochiloides* (Sundevall)
		戴菊 *Regulus regulus* (Linnaeus)
		凤头雀莺 *Lophobasileus elegans* (Przevalski)
	鹟科 Muscicapidae	白眉姬鹟 *Ficedula zanthopygia* (Hay)
		黄眉姬鹟 *F. narcissina* (Temminck)
		鸲姬鹟 *F. mugimaki* (Temminck)
		红喉姬鹟 *F. parva* (Bechstein)
		乌鹟 *Muscicapa sibirica* Gmelin
		斑胸鹟 *M. griseisticta* (Swinhoe)
		北灰鹟 *M. latirostris* Raffles
		黑枕王鹟 *Hypothymis ezurea* (Boddaert)
	山雀科 Paridae	大山雀 *Parus major* Linnaeus
		灰蓝山雀 *P. cyanus* Pallas
		煤山雀 *P. ater* Linnaeus
		沼泽山雀 *P. palustris* Linnaeus
		褐头山雀 *P. montanus* Baldenstein
		黄腹山雀 *P. venustulus* Swinhoe
	长尾山雀科 Aegithalidae	银喉长尾山雀 *Aegithalos caudaus* (Linnaeus)
	鳾科 Sittidae	黑头鳾 *Sitta villosa* Verreaux
		普通鳾 *Sitta europaea* Linnaeus
		红翅旋壁雀 *Tichodroma muraria* (Linnaeus)
	攀雀科 Remizidae	攀雀 *Remiz pendulinus* (Linnaeus)
	文鸟科 Ploceidae	家麻雀 *Passer domesticus* (Linnaeus)
		黑顶麻雀 *P. ammodendri* Gould
		树麻雀 *P. mentanus* (Linnaeus)
		石雀 *Petronia petronia* (Linnaeus)
		黑喉雪雀 *Montifringilla davidiana* (Verreaux)
	雀科 Fringillidae	燕雀 *Fringilla montifringilla* (Linnaeus)
		苍头燕雀 *F. coelebs* Linnaeus
		金翅雀 *Carduelis sinica* (Linnaeus)
		黄雀 *C. spinus* (Linnaeus)
		白腰朱顶雀 *C. flammea* (Linnaeus)
		极北朱顶雀 *C.* hrnemanni (Holb oll)

（续）

鸟纲 AVES		
莺科 Sylviidae	雀科 Fringillidae	黄嘴朱顶雀 *C. flavirostris miniakensis* (Linnaeus)
		林岭雀 *Leucosticte nemoricola* (Hodgson)
		北岭雀 *Leucosticte arctoa* (Pallas)
		巨嘴沙雀 *Rhodpechys obsoleta* (Lichenstein)
		漠雀 *R. githagineus* (Lichenstein)
		拟大朱雀 *Carpodacus rubicilloides* Przevalski
		红眉朱雀 *C. pulcherrimus* (Moore)
		白眉朱雀 *C. thura* *Bonaparte* et Schlegel
		普通朱雀 *Carpodacus erythrinus* (Pallas)
		北朱雀 *C. roseus* (Pallas)
		红交嘴雀 *Loxia curvirostra* Linnaeus
		白翅交嘴雀 *L. leucoptera* Gmelin
		长尾雀 *Uragus sibiricus* (Pallas)
		灰腹灰雀 *Pyrrhula griseiventris* Lafresnaye
		黑头蜡嘴雀 *Eophona personata* (Temminch et Schlegel)
		黑尾蜡嘴雀 *Eophona migratoria* Hartert
		锡嘴雀 *Coccothraustes coccothraustes* (Linnaeus)
		白翅拟蜡嘴雀 *Mycerobas carnipes* (Hodgson)
	鹀科 Emberizidae	白头鹀 *Emberiza leucocephala* Gmelin
		栗鹀 *E. rutila* Pallas
		黄胸鹀 *E. aureola* Pallas
		黄喉鹀 *E. elegans* Temminck
		灰头鹀 *E. spodocephala* Pallas
		灰眉岩鹀 *E. cia* Linnaeus
		三道眉草鹀 *E. cioides* Brandt
		栗斑腹鹀 *E. jankowskii* Taczanovski
		赤胸鹀 *E. fucata* Pallas
		田鹀 *E. rustica* Pallas
		小鹀 *E. pusilla* Pallas
		黄眉鹀 *E. chrysophrys* Pallas
		灰鹀 *E. variabilis* Temminck
		白眉鹀 *E. tristrami* Swinhoe
		芦鹀 *E. scheniclus* Linnaeus
		铁爪鹀 *Calcarius lapponicus* (Linnaeus)
		雪鹀 *Plectrophenax nivalis* (Linnaeus)
哺乳纲 MAMMALIA		
食虫目 INSECTIVORA	猬科 Erinaceidae	普通刺猬 *Erinaceus europaeus* Linnaeus
		大耳刺猬 *Hemiechinus auritus* Pallas
		达乌尔刺猬 *Mesechinus dauuricus* (Sundevall)
	鼹科 Talpidae	缺齿鼹 *Mogera robusta* Nehring
		麝鼹 *Scaptochirus moschatus* Milno–Eduwards
	鼩鼱科 Soricidae	小麝鼩 *Crocidura suaveolens* Pallas

（续）

哺乳纲 MAMMALIA		
食虫目 INSECTIVORA	鼩鼱科 Soricidae	大麝鼩 *C. lasiura* Dobson
		普通鼩鼱 *Sorex araneus* Linnaeus
		中鼩鼱 *S. caecutiens* Laxmann
		栗齿鼩鼱 *S. daphaenodon* Thomas
		小鼩鼱 *S. minutus* Linnaeus
翼手目 CHIROPTERA	蝙蝠科 Vespertilionidae	伊氏鼠耳蝠 *Myotis ikonnikovi* Ognev
		须鼠耳蝠 *M. mystacinus* Kühi
		小耳蝠 *Plecotus austriacus* Fischer
		大耳蝠 *Plecotus auritus* Linnaeus
		萨氏蝙蝠 *Vespertilio savii* Bonaparte
		北方蝙蝠 *V. nilssonii* Keyserling
		东方蝙蝠 *V. superans* Thomas
		夜蝙蝠 *V. serotinus* Schreber
兔形目 LAGOMORPHA	兔科 Leporidae	蒙古兔 *Lepus tolei* Pallas
		东北兔 *L. mandchuricus* Radde
		雪兔 *L. timidus* Linnaeus
	鼠兔科 Ochotonidae	草原鼠兔 *Ochotona daurica* Pallas
		东北鼠兔 *O. hyperborca* (Pallas)
		高山鼠兔 *O. alpina* Pallas
		蒙古鼠兔 *O. Pallasi* Gray
		贺兰山鼠兔 *O. helanshanensis* Zheng
啮齿目 RODENTIA	松鼠科 Sciuridae	小飞鼠 *Pteromys volans* Linnaeus
		灰鼠 *Sciurus vulgaris* Linnaeus
		花鼠 *Eutamias sibiricus* Laxmann
		岩松鼠 *Sciurotamias davidianus* Milne-Edwards
		蒙古旱獭 *Marmota sibirica* Radde
		喜马拉雅旱獭 *M. himalayana* Hodgson
		赤颊黄鼠 *Spermophilus erythrogenys* Brande
		草原黄鼠 *S. dauricus* Brande
	跳鼠科 Dipodidae	五趾心颅跳鼠 *Cardiocranius paradoxus* Satunin
		三趾心颅跳鼠 *Salpingotus kozlovi* Vinogradovi
		长耳跳鼠 *Euchoreuteus naso* Sclator
		蒙古羽尾跳鼠 *Stylodipus andrewsi* (Allen)
		三趾跳鼠 *Dipus sagitta* Pallas
		巨泡五趾跳鼠 *Allactaga bullata* G. allen
		五趾跳鼠 *Allactaga sibirica* Forster
	鼠科 Muridae	褐家鼠 *Rattus norvegicus* Berkenhout
		社鼠 *R. confucianus* Milne-Edwards
		鼷鼠 *Mus musculus* Linnaeus
		巢鼠 *Micromys minutus* Pallas
		黑线姬鼠 *Apodemus agraius* Pallas
		大林姬鼠 *A. speciosus* Temminck

（续）

哺乳纲 MAMMALIA		
啮齿目 RODENTIA	仓鼠科 Cricetidae	大仓鼠 *Cricetulus triton* de Winton
		短耳仓鼠 *C. ewersmanni* Brandt
		黑线仓鼠 *C. barabensis* (Pallas)
		灰仓鼠 *C. migratorius* Pallas
		长尾仓鼠 *C. longicaudatus* Milne-Edwards
		黑线毛足鼠 *Phodopus sungorus* Pallas
		小毛足鼠 *P. roborovskii* Satunin
		大沙鼠 *Rhombomys opimus* Lichtenstein
		短耳沙鼠 *Branchiones przewalskii* Buchner
		长爪沙鼠 *Meriones unguiculatus* Milne-Edwards
		子午沙鼠 *M. meridanus* Pallas
		柽柳沙鼠 *M. tamariscinus* Pallas
		中华鼢鼠 *Myospalax fontanieri* Milne-Edwards
		草原鼢鼠 *M. aspalax* Pallas
		东北鼢鼠 *M. psilurus* Milne-Edwards
		麝鼠 *Ondatra zibethica* Linnaeus
		鼹形田鼠 *Ellobius talpinus* Pallas
		黄兔尾鼠 *Lagurus luteus* Eversmann
		红背（鼠平） *Clethrionomys rutilus* Pallas
		棕背（鼠平） *C. rufocanus* Sundevall
		银色高山（鼠平） *Alricola argentata* Severtzov
		林旅鼠 *Myopus schisticolor* Lilljeborg
		普通田鼠 *Microtus arvalis* Pallas
		狭颅田鼠 *M. gregalis* Pallas
		布氏田鼠 *M. brandti* Radde
		北方田鼠 *M. mandarinus* Milne-Edwards
		莫氏田鼠 *M. maximowiczii* Schrenck
		东方田鼠 *M. fortis* Buchner
食肉目 CARNIVORA	犬科 Canidae	狼 *Canis lupus* Linnaeus
		豺 *Cuon alpinus* Pallas
		貉 *Nyctereutes procyonoides* Grey
		沙狐 *Vulpes corsac* Linnaeus
		狐 *V. vulpes* Linnaeus
	熊科 Ursidae	黑熊 *Selenarctos thibetanus* Cuvier
		棕熊 *Ursus arctos* Linnaeus
	鼬科 Mustelidae	貂熊 *Gulo gulo* Linnaeus
		水獭 *Lutra lutra* Linnaeus
		石貂 *Martes foins* Erxleben
		紫貂 *M. zibellina* Linnaeus
		狗獾 *Meles meles* Linnaeus
		香鼬 *Mustela altsica* Pallas
		小艾鼬 *M. amurensis* Ognev

（续）

哺乳纲 MAMMALIA		
食肉目 CARNIVORA	鼬科 Mustelidae	白鼬 *M. erminea* Linnaeus
		艾鼬 *M. eversmanni* Lesson
		伶鼬 *M. nivalis* Linnaeus
		黄鼬 *M. sibirica* Pallas
		虎鼬 *Vormela peregusna* Güldenstaedt
	猫科 Felidae	草原斑猫 *Felis libyca* Forster
		漠猫 *F. bieti* Milne-Edwards
		豹猫 *F. bengalensis* Kerr
		猞猁 *Lynx lynx* Linnaeus
		兔狲 *Felis manul* Pallas
		豹 *Panthera pardus* Linnaeus
		雪豹 *Uncia uncial* Schreber
奇蹄目 PERISSODACTYLA	马科 Equidae	野驴 *Equus hemionus* Pallas
偶蹄目 ARTIODACTYLA	猪科 Suidae	野猪 *Sus scrofa* Linnaeus
	骆驼科 Camelidae	双峰驼 *Camelus bactrianus* Linnaeus
	鹿科 Cervidae	原麝 *Moschus moschiferus* Linnaeus
		马麝 *M. sifanicus* Büchner
		马鹿 *Cervus elaphus* Linnaeus
		麅 *Capreolus capreolus* Linnaeus
		驼鹿 *Alces alces* Linnaeus
	牛科 Bovidae	普氏羚羊 *Procapra przewalskii* Büchner
		藏原羚 *P. picticaudata* Hodgson
		黄羊 *Procapra gutturosa* Pallas
		羚羊 *Gazella subgutturosa* Guldenstaedt
		青羊 *Naemorhedus goral* Hardwike
		北山羊 *Capra ibex* Linnaeus
		岩羊 *Pseudois nayaur* Hodgson
		盘羊 *Cvis ammon* Linnaeus

附录Ⅲ 植物碎片显微照片

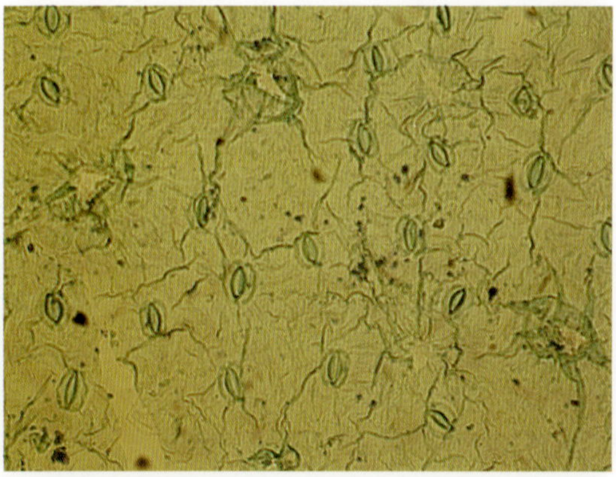

1. 阿尔泰狗娃花

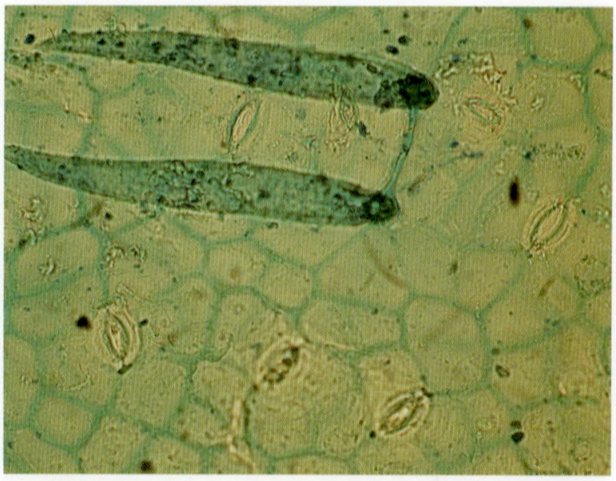

2. 白刺

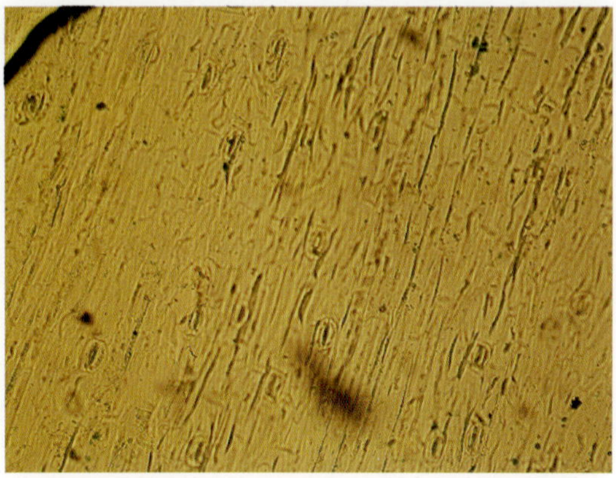

3. 草木樨状黄芪

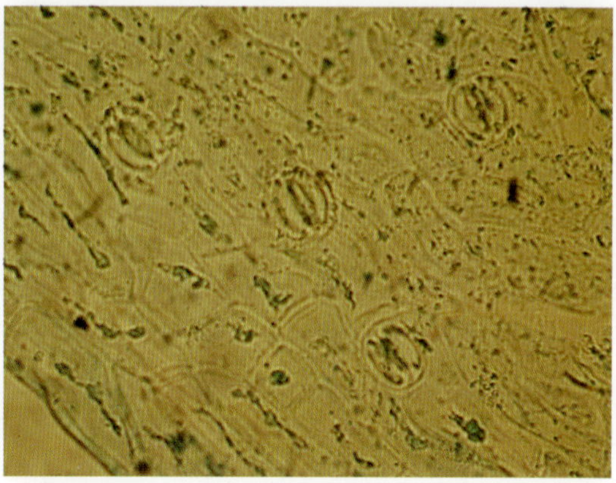

4. 叉枝鸦葱

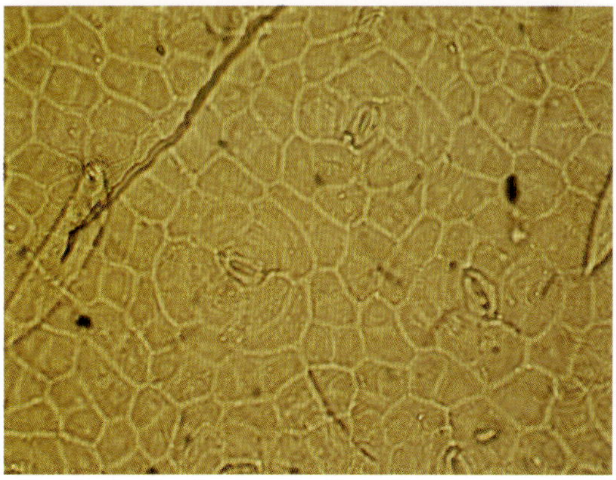

5. 刺叶柄棘豆

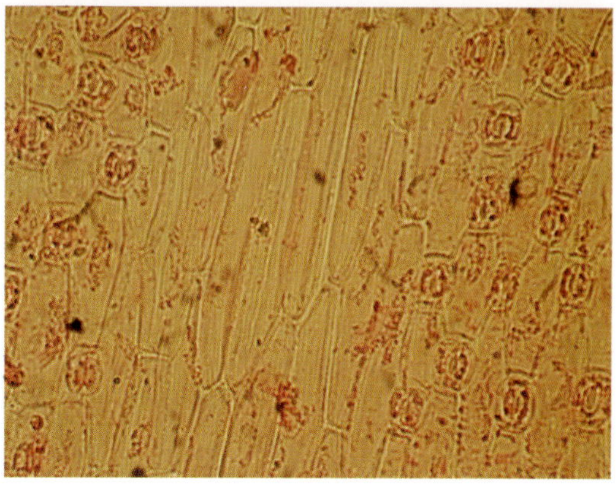

6. 大苞鸢尾

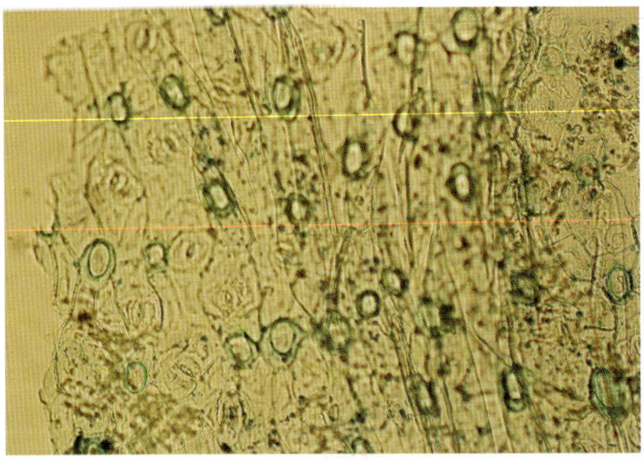

7. 地锦

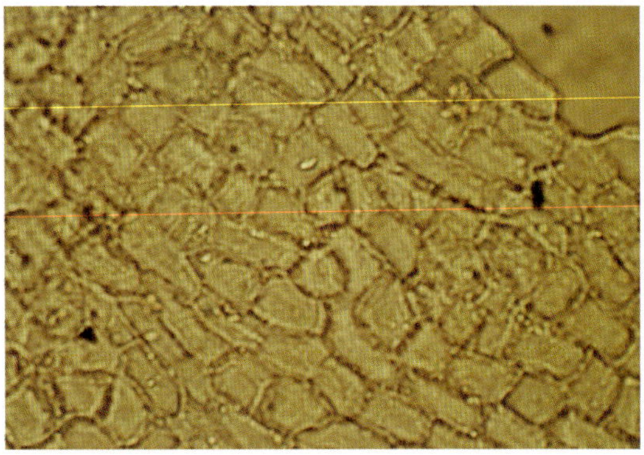

8. 二裂委陵菜

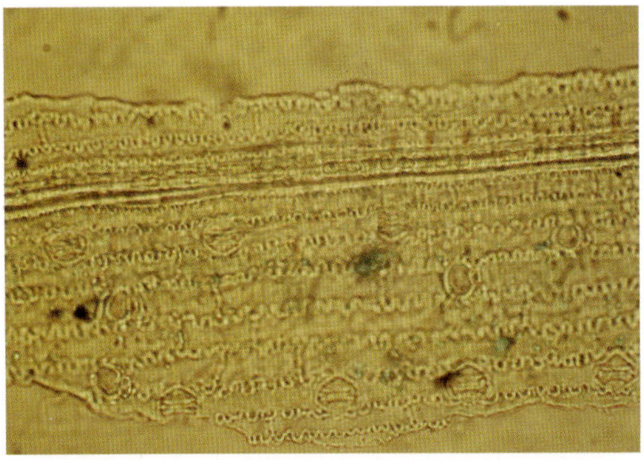

9. 狗尾草

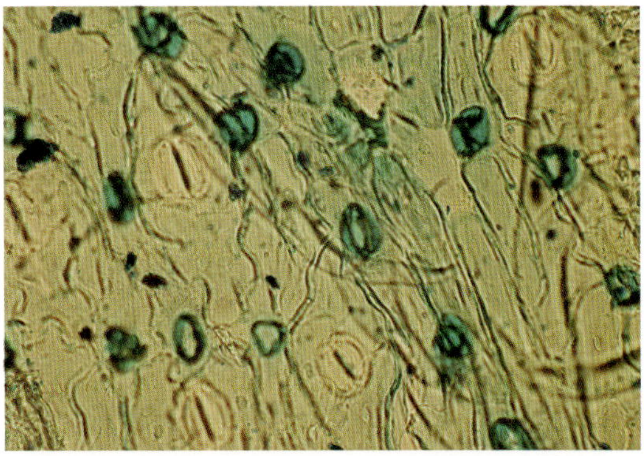

10. 蒿

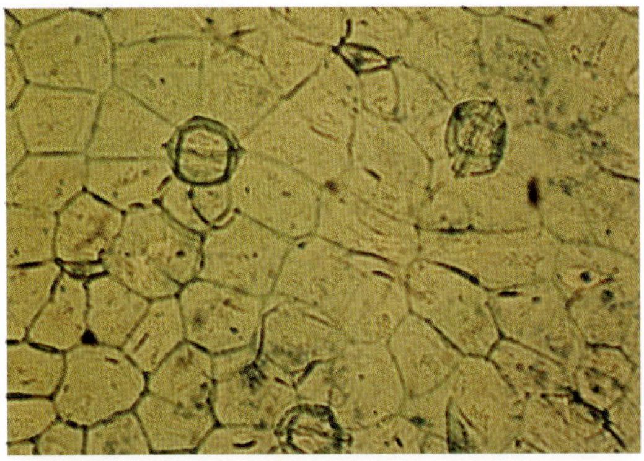

11. 红砂

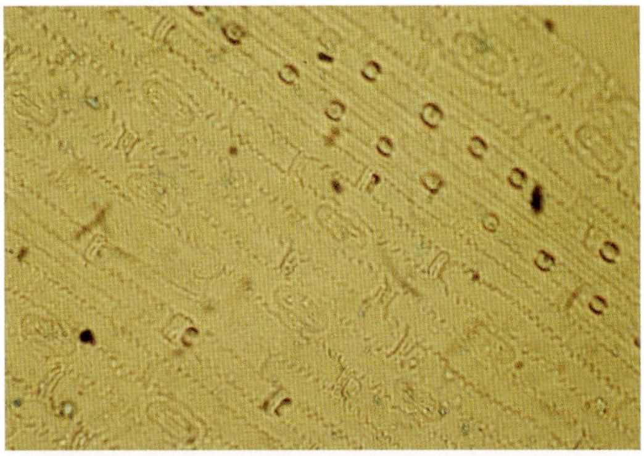

12. 画眉草

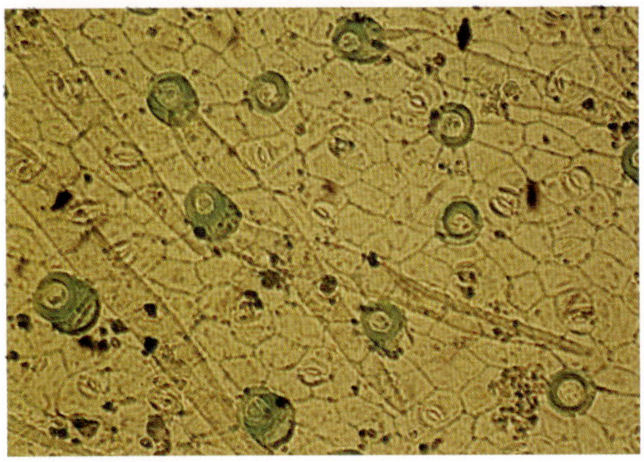

13. 荒漠锦鸡儿

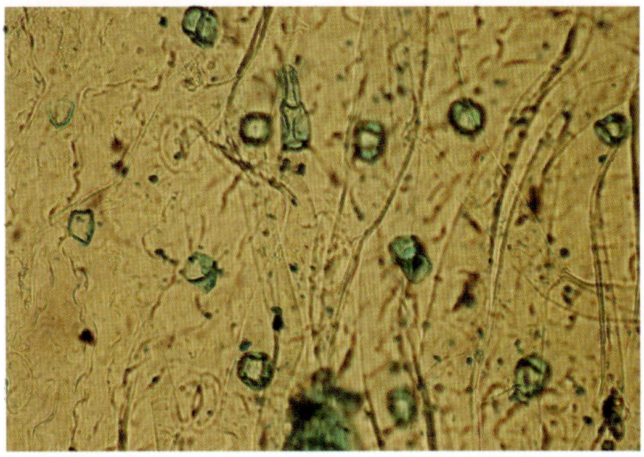

14. 黄花蒿

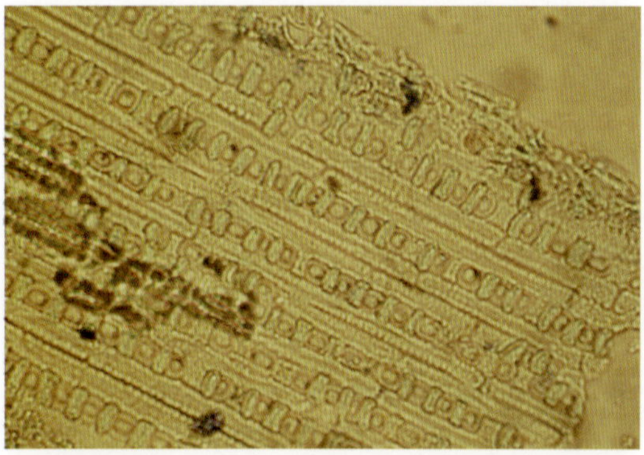

15．芨芨草

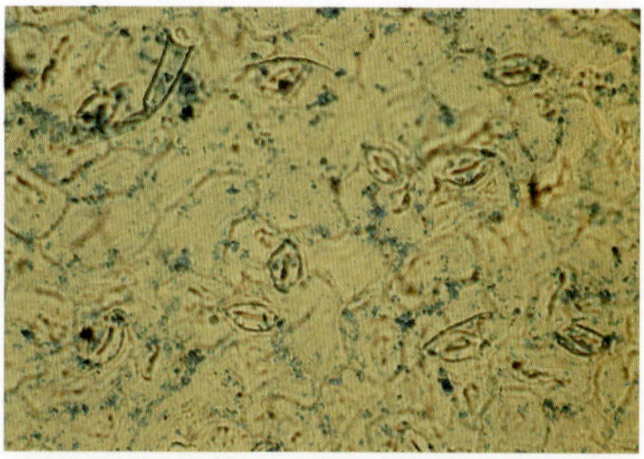

16．蓟

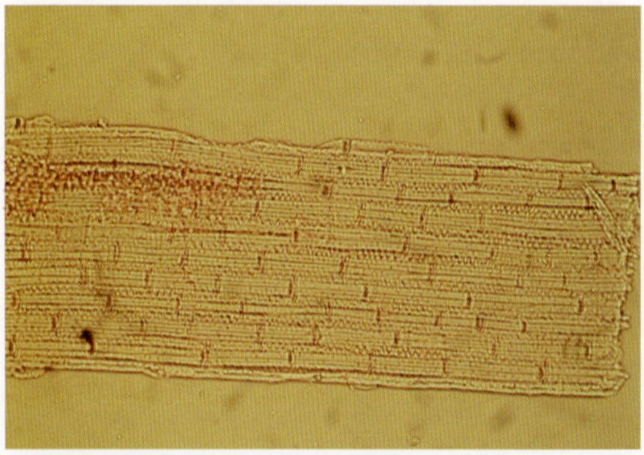

17．克氏针茅

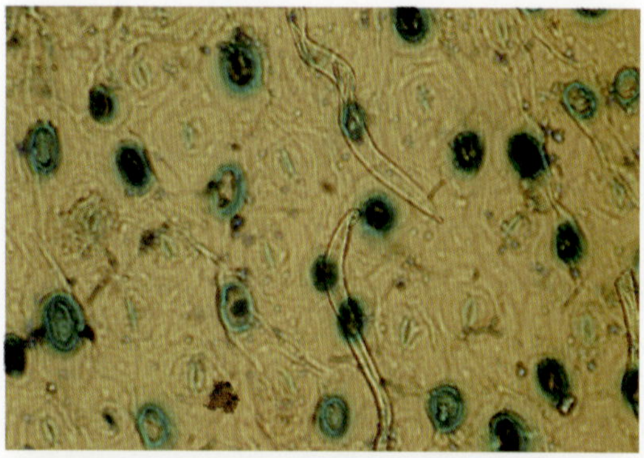

18．冷蒿

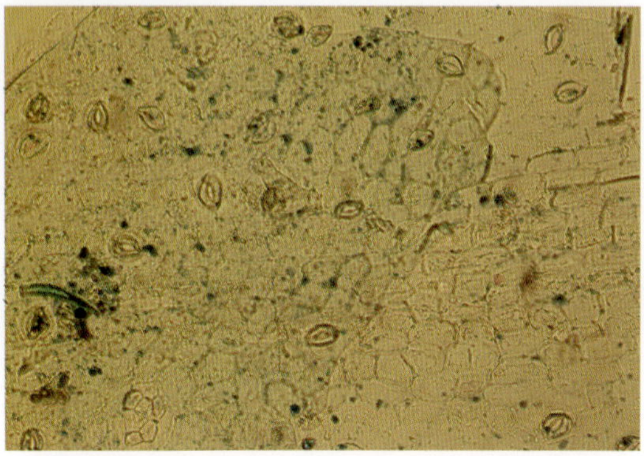

19．牻牛儿苗

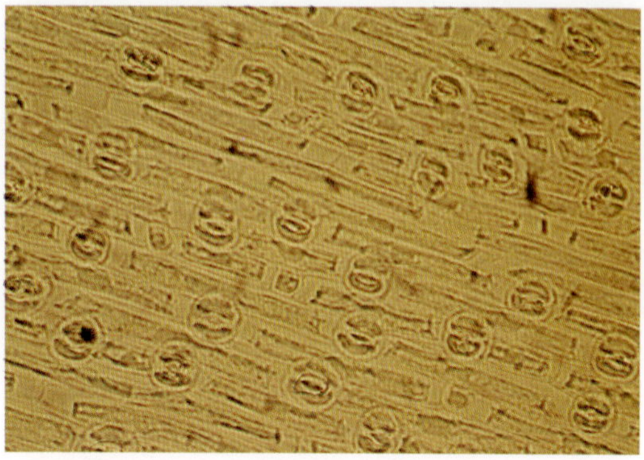

20．蒙古韭

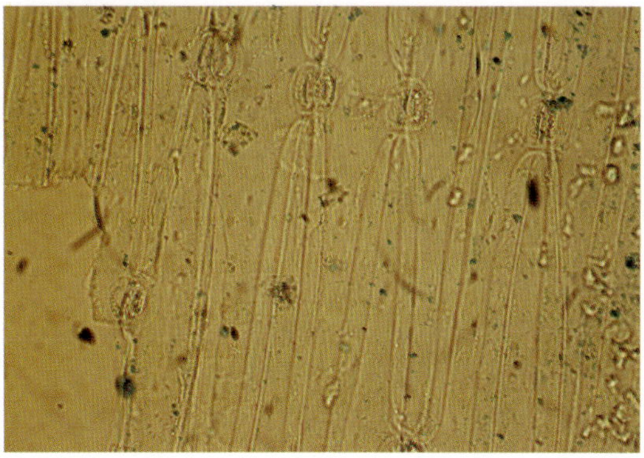

21．沙冬青

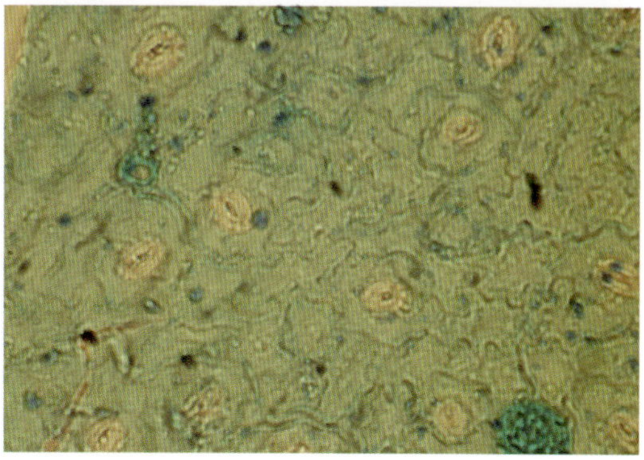

22．冬叶青兔唇花

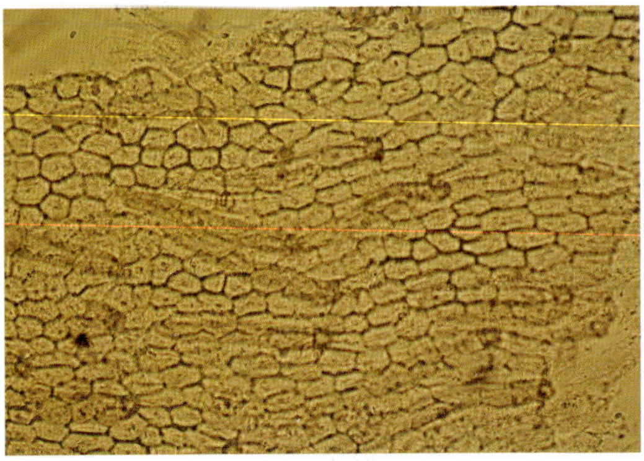

23．四合木

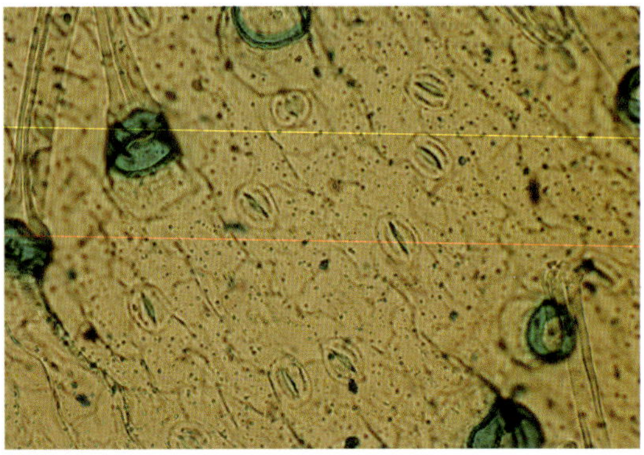

24．条叶车前

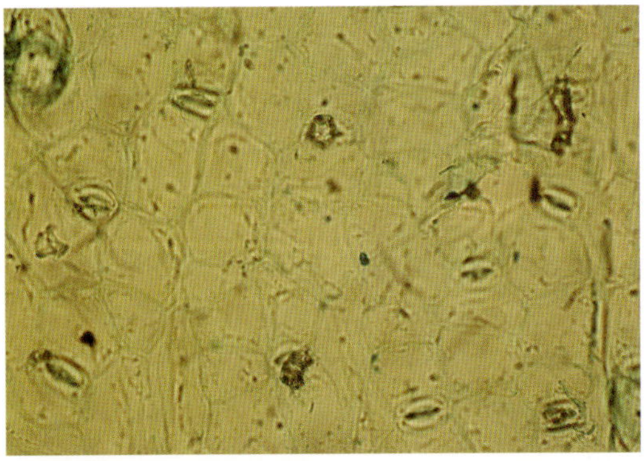

25．雾滨藜

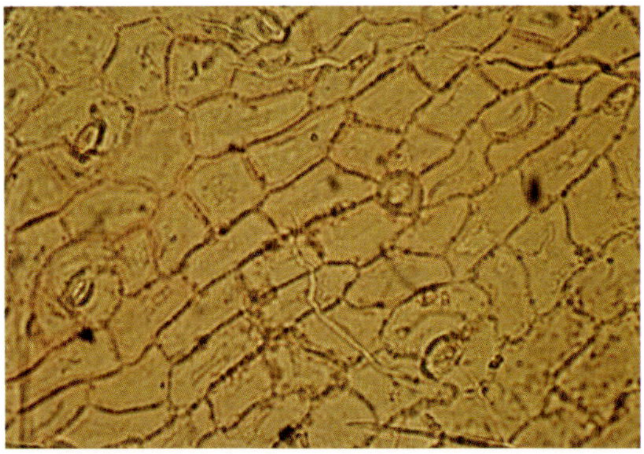

26．狭叶锦鸡儿

27．盐爪爪

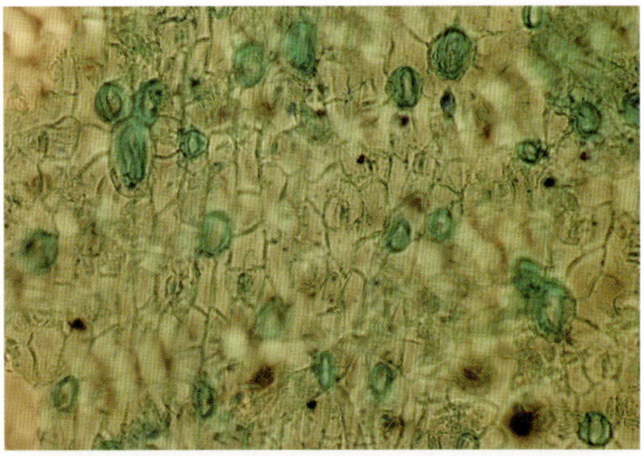

28．银灰旋花

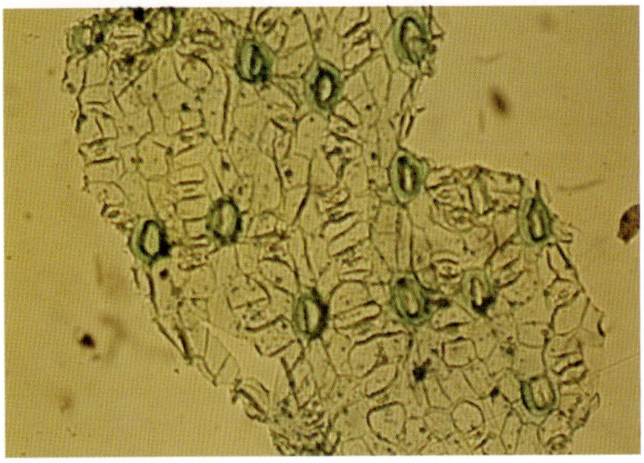

29．珍珠猪毛菜

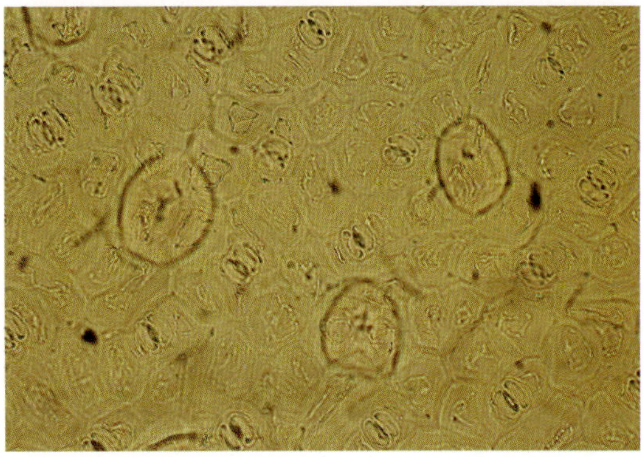

30．猪毛菜

附录Ⅳ 粪样显微照片

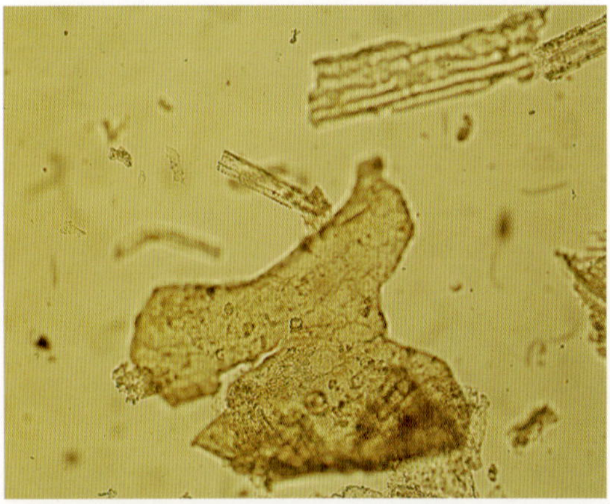

1. 阿尔泰狗娃花

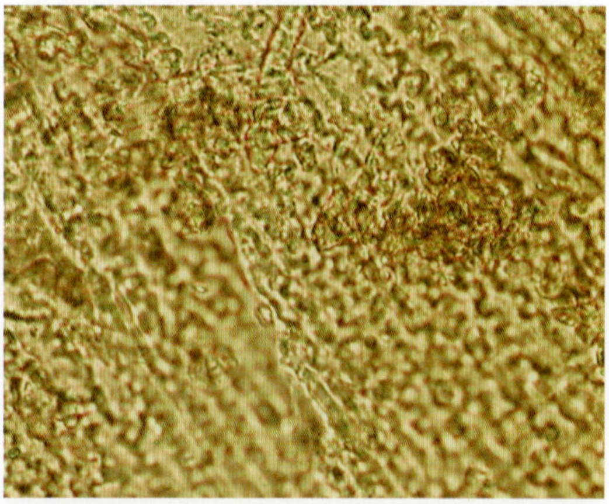

2. 糙隐子草

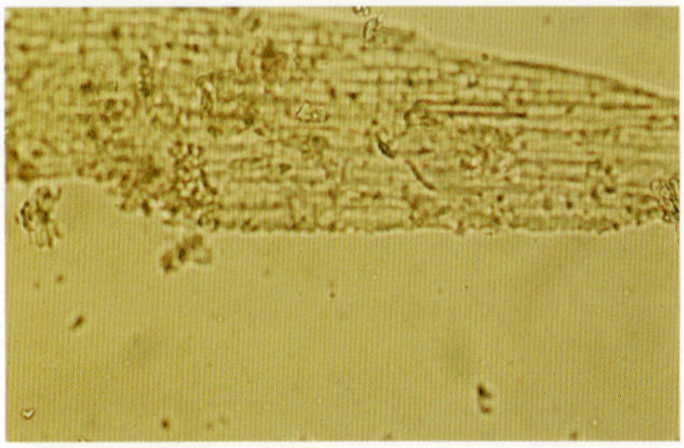

3. 草木樨状黄芪

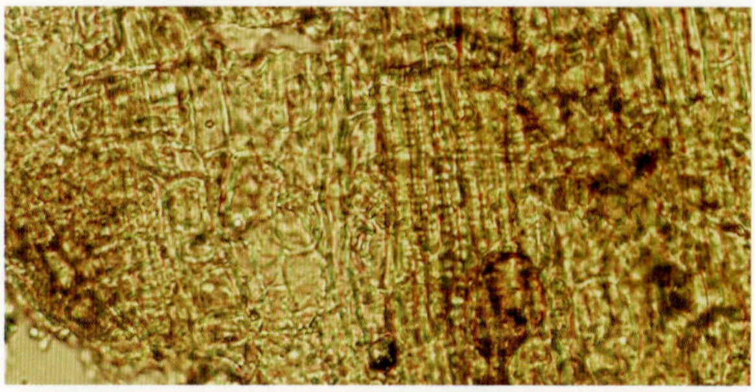

4. 拐轴鸦葱

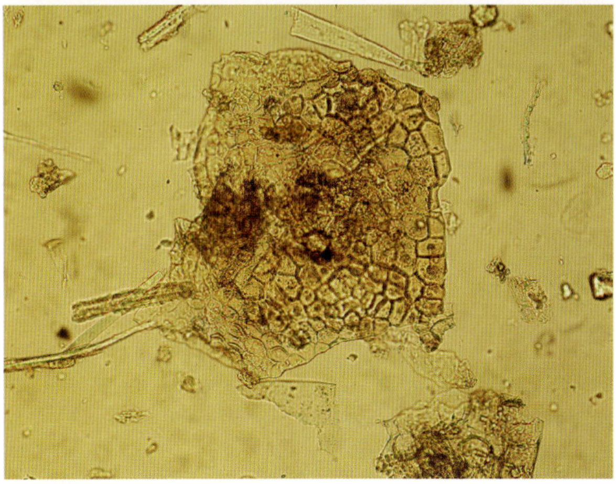

5. 刺叶柄棘豆

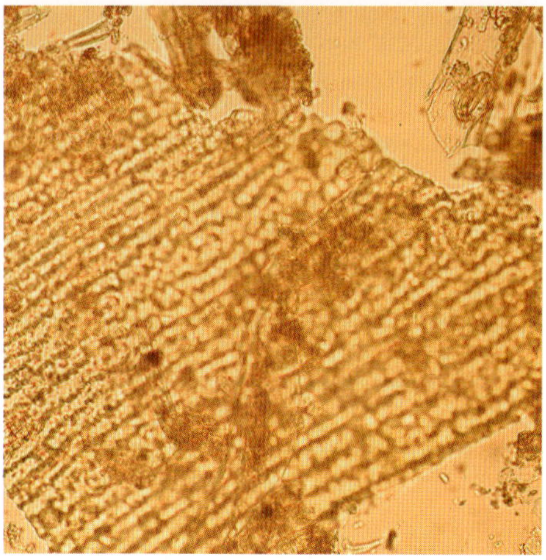

6. 寸草苔

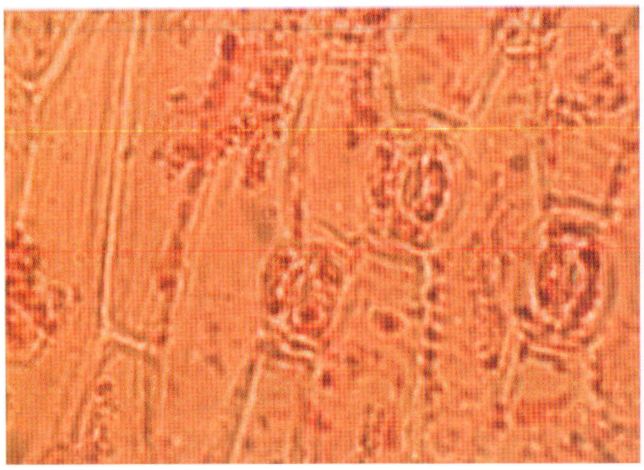

7. 大苞鸢尾

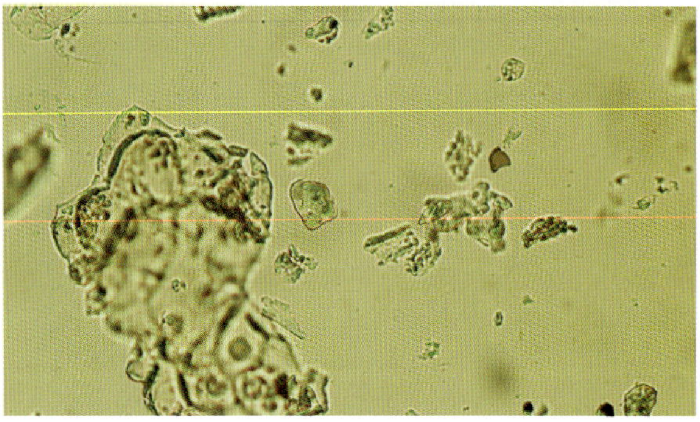

8. 地锦

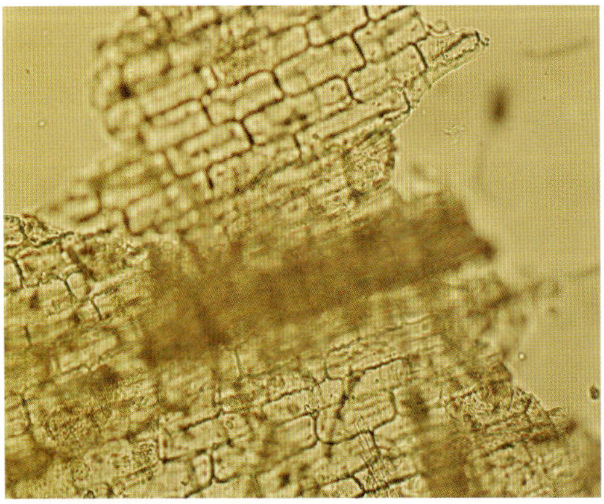

9. 二裂委陵菜

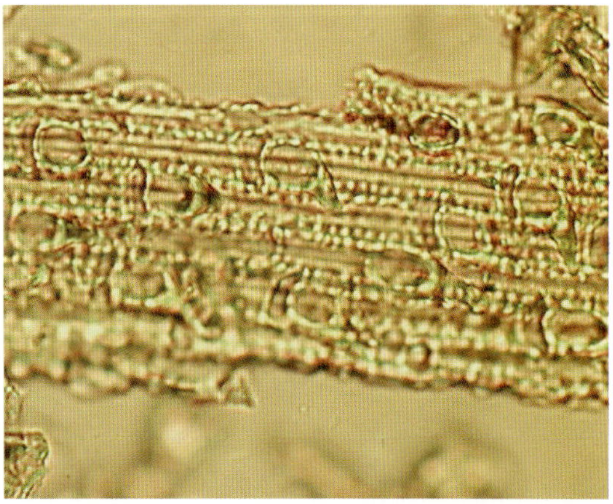

10. 狗尾草

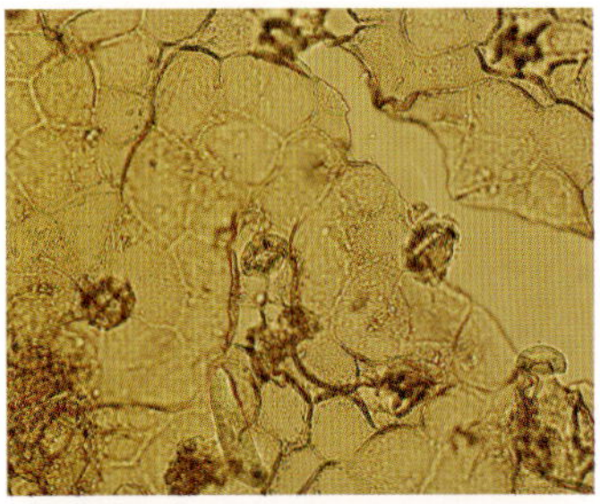

11. 红砂

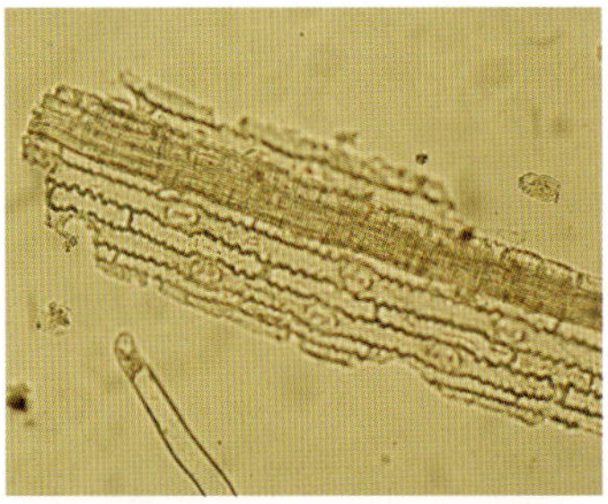

12. 画眉草

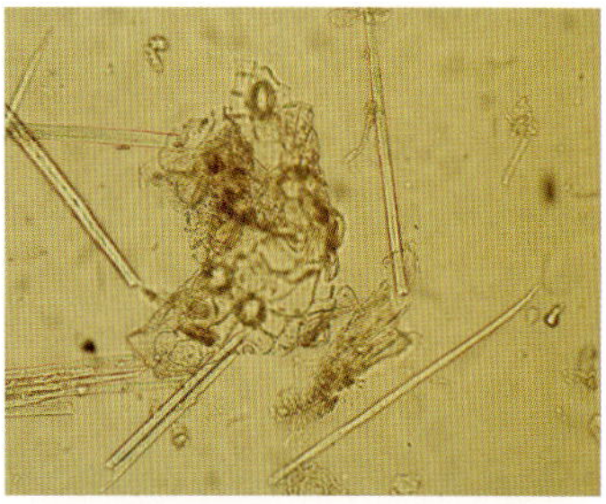

13. 荒漠锦鸡儿

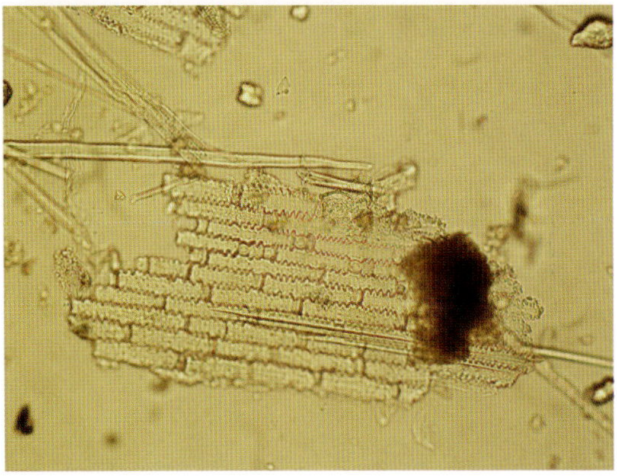

14. 芨芨草

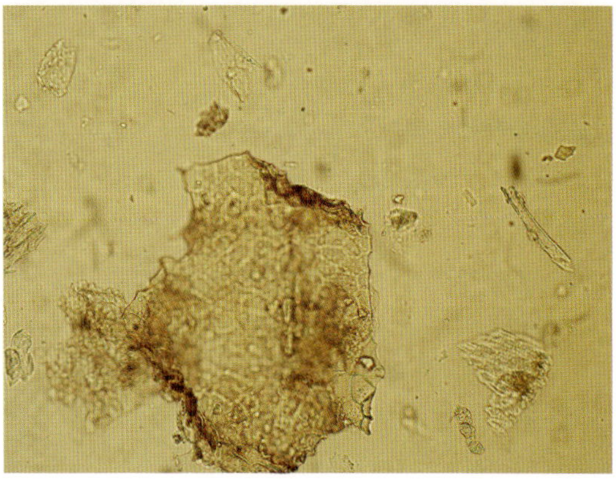

15. 蓟

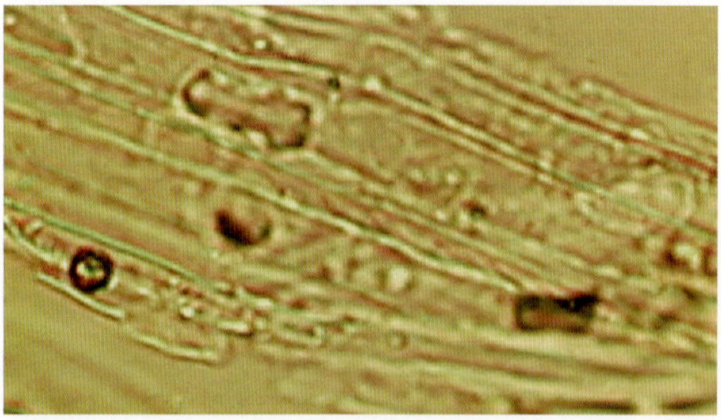

16．碱韭

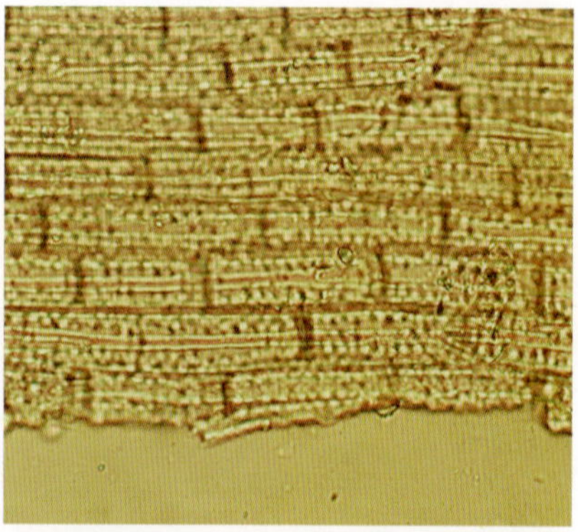

17．克氏针茅

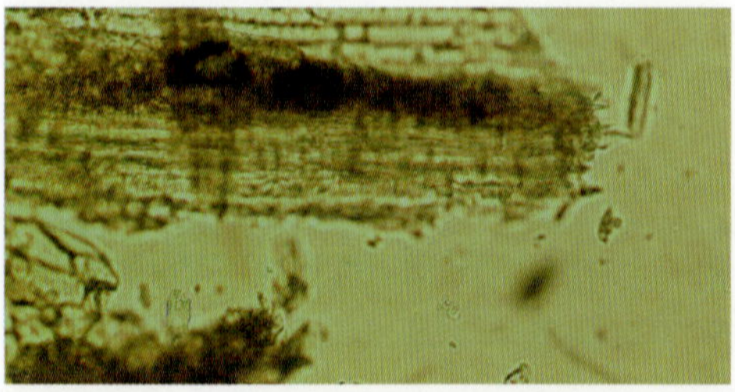

18．马蔺

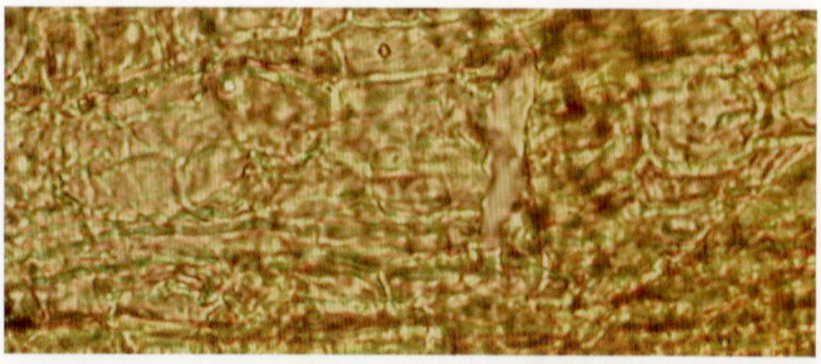

19．牻牛儿苗

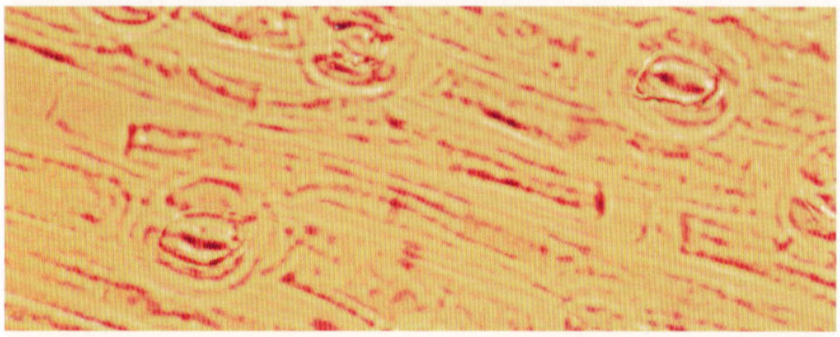

20．蒙古韭

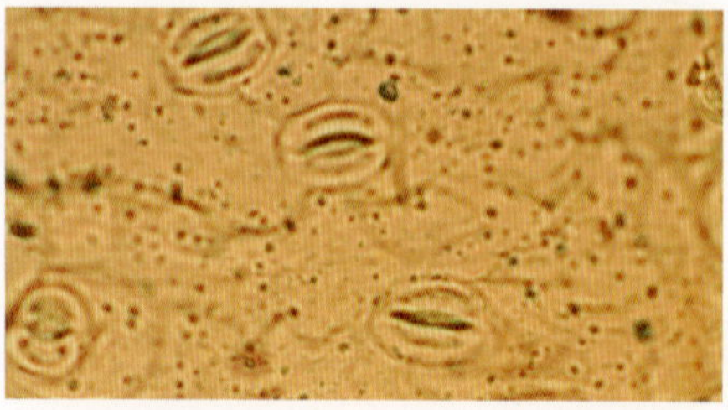

22．条叶车前

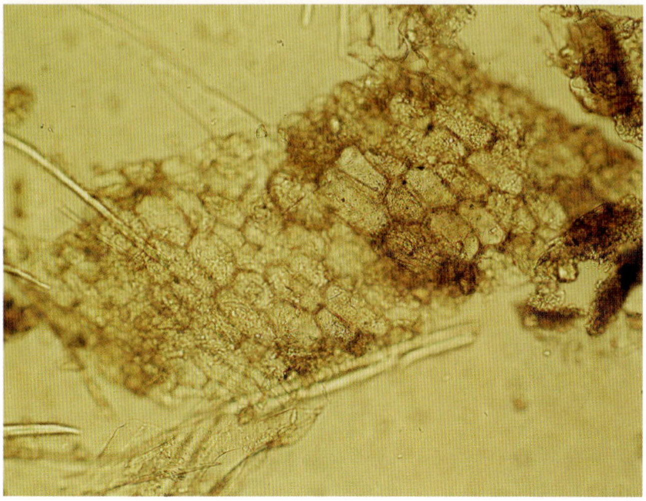

21．四合木

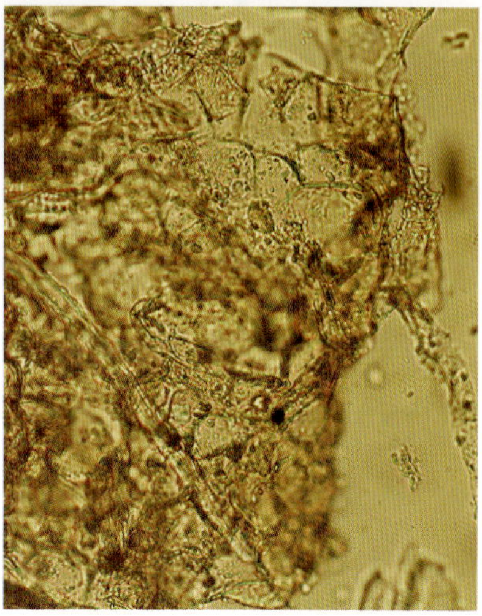

23．雾冰藜

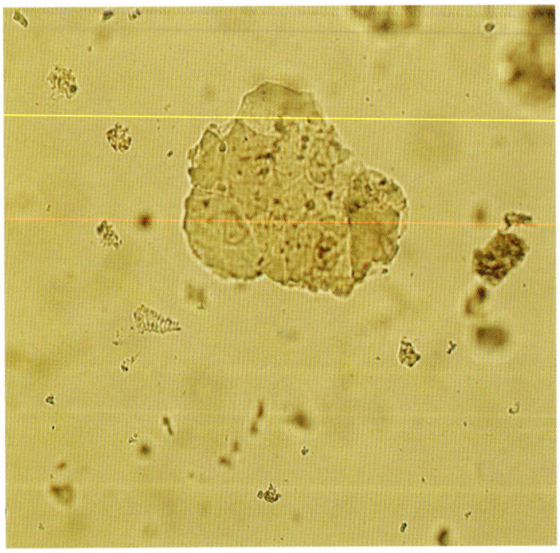

24. 狭叶锦鸡儿

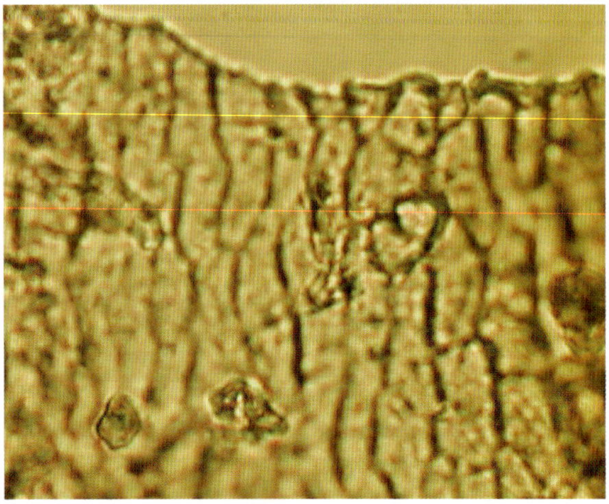

25. 盐爪爪

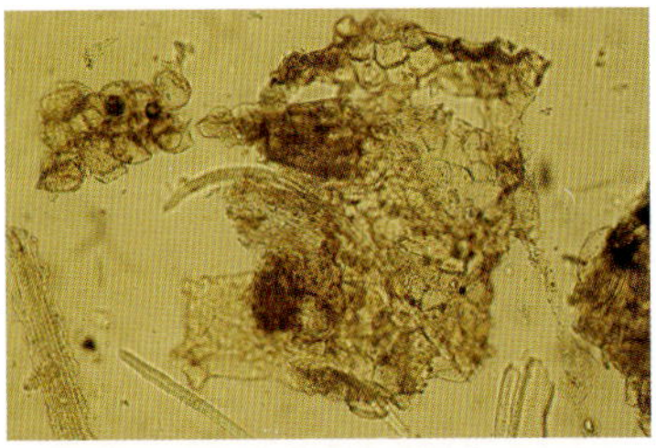

26. 蒙古猪毛菜

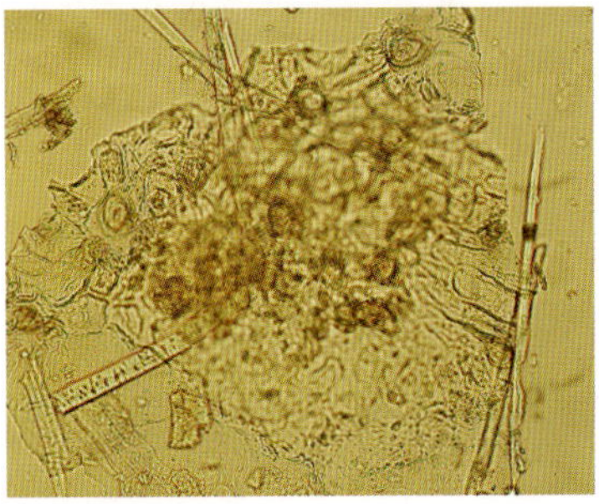

27. 珍珠猪毛菜

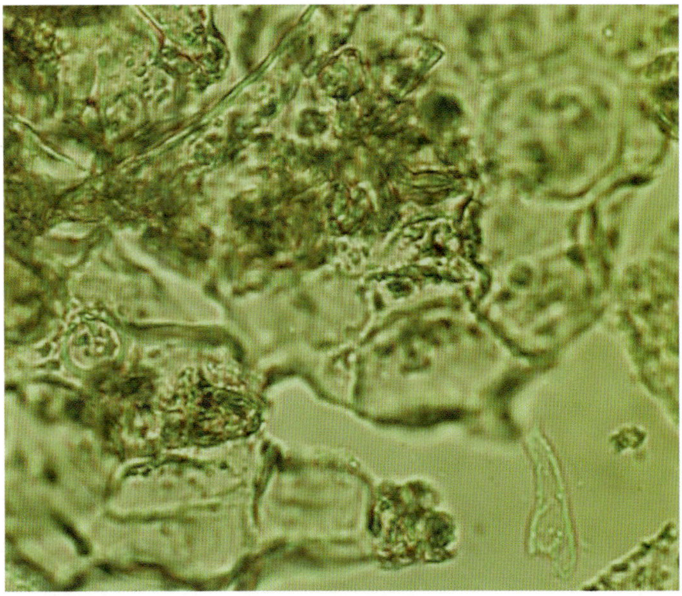

28. 中亚滨藜